校企“双元”建设职业教育机械类系列教材

机械制图与CAD习题集

张　宁　张华鑫　主　编

韩凤起　李桂芹　王爱兵　胡仁喜　副主编

電子工業出版社

Publishing House of Electronics Industry

北京•BEIJING

内 容 简 介

本书为电子工业出版社出版的《机械制图与 CAD》（作者为王爱兵、张宁等）一书的配套习题集，可以帮助读者在学习机械制图的基础上，及时通过习题练习掌握和巩固所学知识。

本书共 9 章，包括机械制图的基本知识、投影基础、立体投影、组合体、轴测图、机件常用的表达方法、标准件和常用件、零件图、装配图。全书脉络清晰、内容全面、实例丰富。

图书在版编目（CIP）数据

机械制图与 CAD 习题集 / 张宁，张华鑫主编. —北京：电子工业出版社，2021.9

ISBN 978-7-121-41321-6

Ⅰ. ①机… Ⅱ. ①张… ②张… Ⅲ. ①机械制图－AutoCAD 软件－高等职业教育－习题集 Ⅳ. ①TH126-44

中国版本图书馆 CIP 数据核字（2021）第 116230 号

责任编辑：王昭松　　　　特约编辑：田学清
印　　刷：涿州市般润文化传播有限公司
装　　订：涿州市般润文化传播有限公司
出版发行：电子工业出版社
　　　　　北京市海淀区万寿路 173 信箱　　　邮编：100036
开　　本：787×1092　1/16　印张：13.25　字数：177.6 千字
版　　次：2021 年 9 月第 1 版
印　　次：2025 年 7 月第 5 次印刷
定　　价：39.00 元

凡所购买电子工业出版社图书有缺损问题，请向购买书店调换。若书店售缺，请与本社发行部联系，联系及邮购电话：（010）88254888，88258888。
质量投诉请发邮件至 zlts@phei.com.cn，盗版侵权举报请发邮件到 dbqq@phei.com.cn。
本书咨询联系方式：（010）88254015，wangzs@phei.com.cn，QQ 83169290。

前言

由于机械工程图样具有高度的抽象性，因此，需要良好的空间想象能力。在学习机械制图相关理论和具体绘制方法的过程中，由于大多数人的空间想象能力有限，别的学科或课程也很少提供这方面的训练，所以仅仅通过课堂教学和教师讲解引导，很难让读者快速掌握和理解机械工程图样表达的准确空间与结构信息。为了帮助读者在学习《机械制图》相关教材时，可以快速同步理解和消化吸收课本知识，建立空间思维模式，培养空间想象能力，及时进行大量的绘图练习成为一种必不可少且行之有效的方法。

在电子工业出版社出版的《机械制图与 CAD》（作者为王爱兵、张宁等）一书出版的同时，编者编写了本配套习题集，旨在帮助读者练习并巩固所学知识。

本习题集在编写的过程中，注意严格配套相关课堂教材，习题数量合适，难度适中，适合高职高专院校机械相关专业学生使用。

本书是为了落实教育部等九部委联合下发的《职业教育提质培优行动计划（2020—2023 年）》文件精神而编写的校企“双元”合作开发的职业教育教材，由河北交通职业技术学院汽车工程系的张宁和张华鑫两位老师担任主编；河北工业职业技术大学的韩凤起、河北交通职业技术学院轨道交通系的李桂芹，以及河北交通职业技术学院汽车工程系的王爱兵、胡仁喜担任副主编。合作企业——石家庄楚辉工程设计有限公司的李志红、刘昌丽、康士廷等为本书的编写提供了大量的工程实践应用案例，并参与了校对工作，在此向他们表示衷心的感谢。

限于时间和编者水平，书中疏漏之处在所难免，恳请读者批评指正，编者不胜感激。本书免费提供习题答案，请登录网站 www.hxedu.com.cn 注册下载或联系 714491436@qq.com 索取，也欢迎读者加入图书学习交流群（QQ：379090620）交流探讨。

编　者

2021 年 4 月

目　录

第 1 章　机械制图的基本知识

班级　　　　学号　　　　姓名

1-1　按照下列字例书写长仿宋体字。

大 学 院 系 机 械 工 程 制 图 设 计

材 料 热 处 理 方 法 粗 糙 度 铸 造

螺 母 盘 盖 滚 子 轴 承 圆 柱 齿 轮 阀 门 液 压 泵

1-2　按照下列字例书写字母及数字。

ABCDEFGHIJKLMNOPQRSTUVWXYZ

abcdefghijklmnopqrstuvwxyz

I II III IV V VI VII VIII IX X XI XII

1234567890ØR 1234567890ØR

1-3　按照图例绘制各种图线。

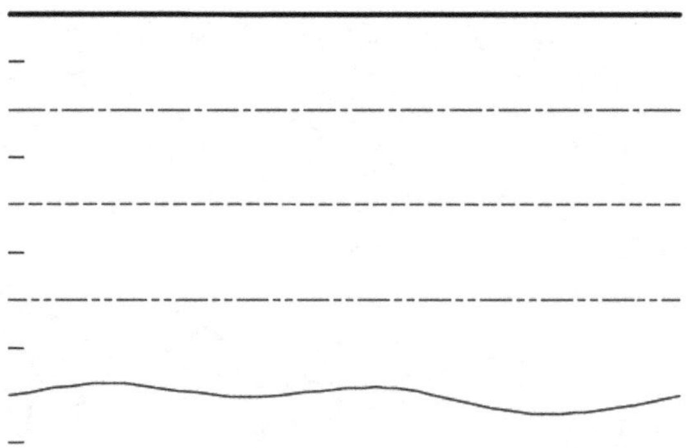

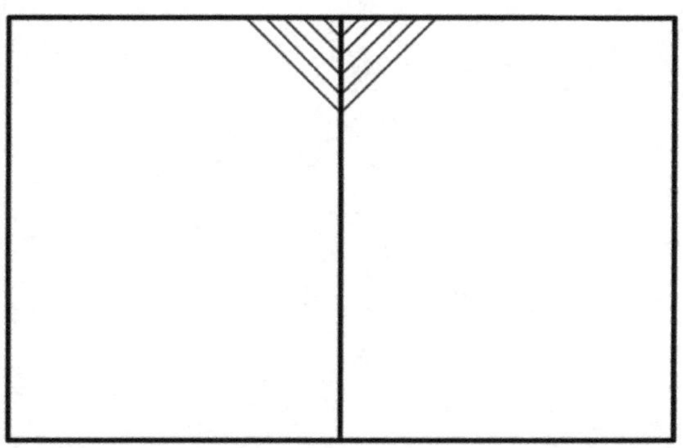

1-4　根据所给的图形及尺寸，用 1:1 的比例在指定位置画出该图形，并标注尺寸。

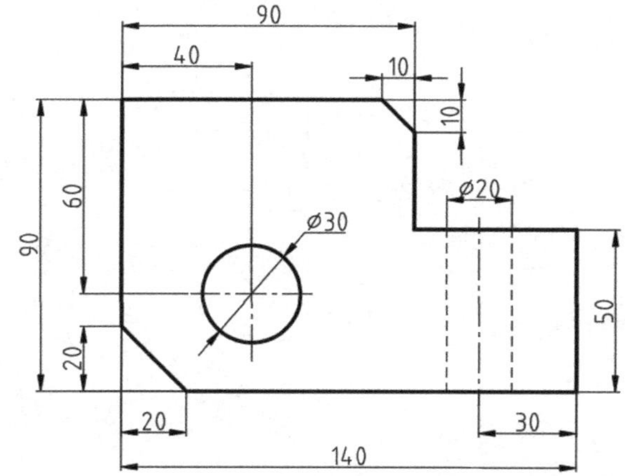

1-5　在平面图上，用1:1的比例量度后，标注尺寸（取整数）。

（1）

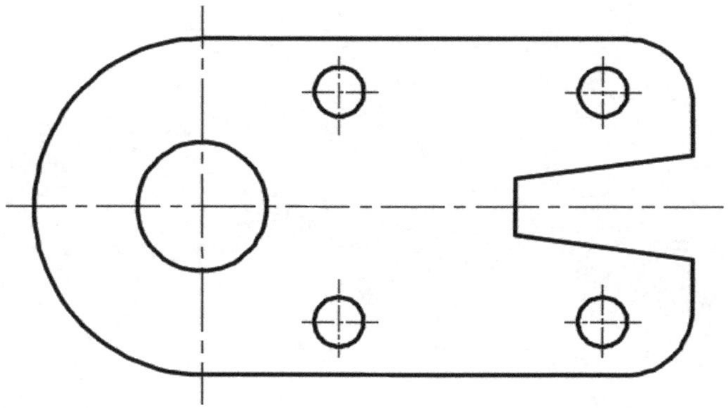

（2）

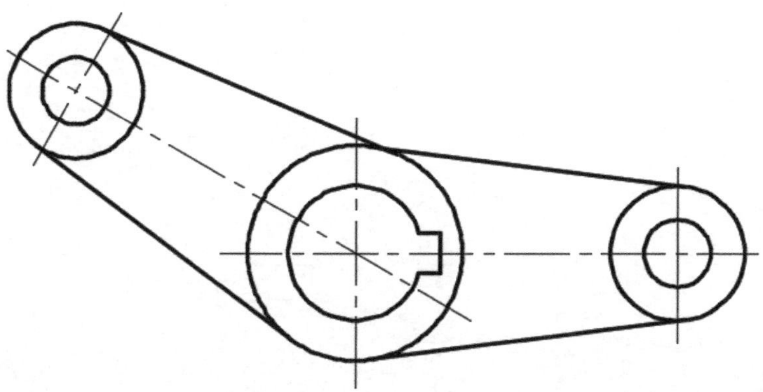

1-6　分析上图中尺寸标注的错误之处，并正确地标注在下图中。

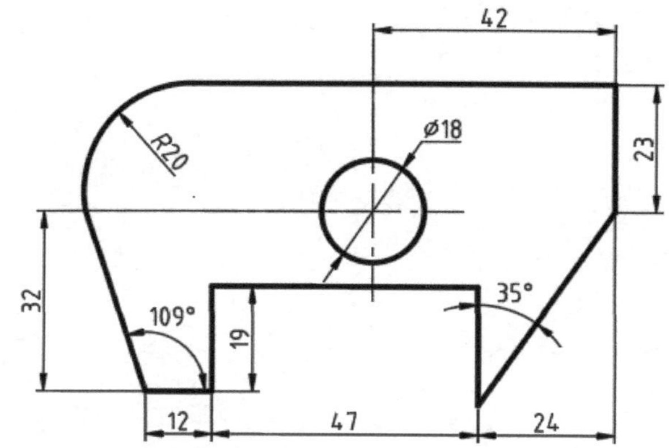

1-7　按小图所示图形，在指定位置画出相应的圆内接正多边形。

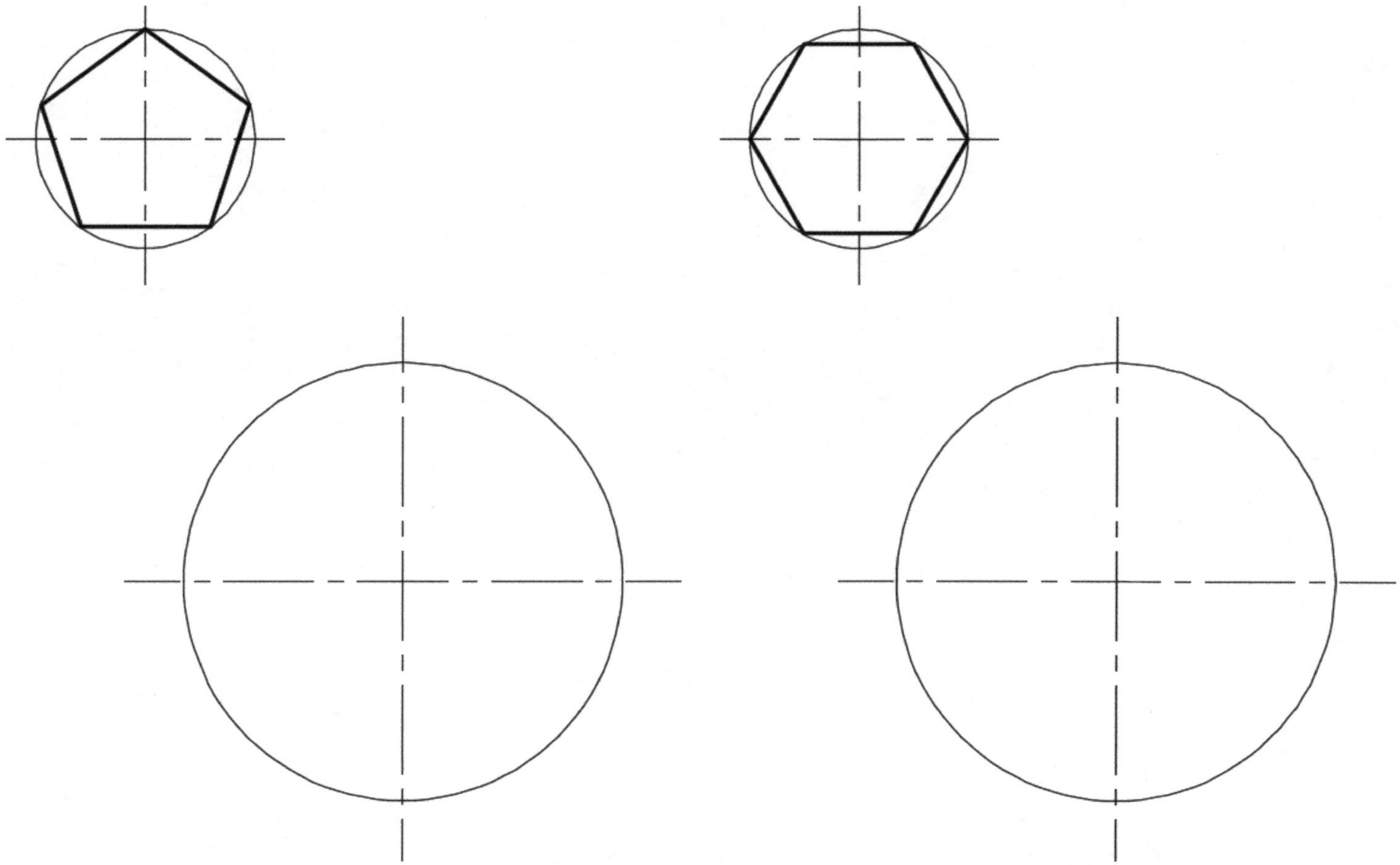

班级　　　　学号　　　　姓名

1-8　参照所示图形，在指定位置画出图形，并标注尺寸。	1-9　参照所示图形，在指定位置画出图形，并标注尺寸。
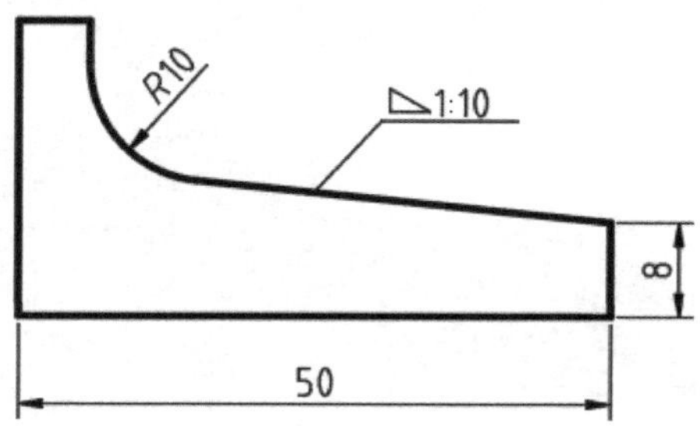	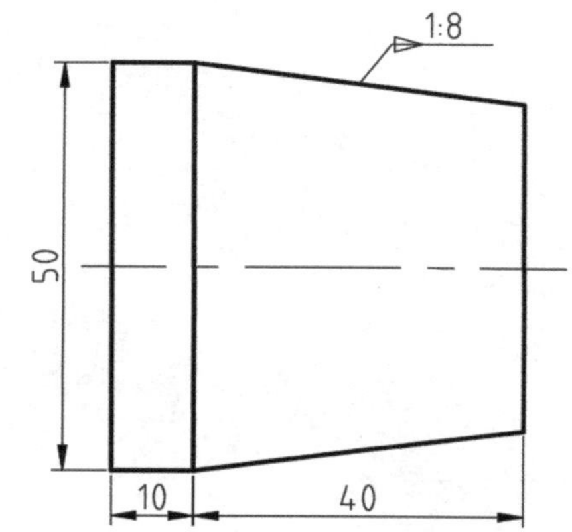

1-10　参照小图所示图形及尺寸，用 1:1 的比例在指定位置画出全图形的轮廓。	1-11　用同心圆法绘制长轴、短轴分别为 60mm、40mm 的椭圆（保留作图线）。
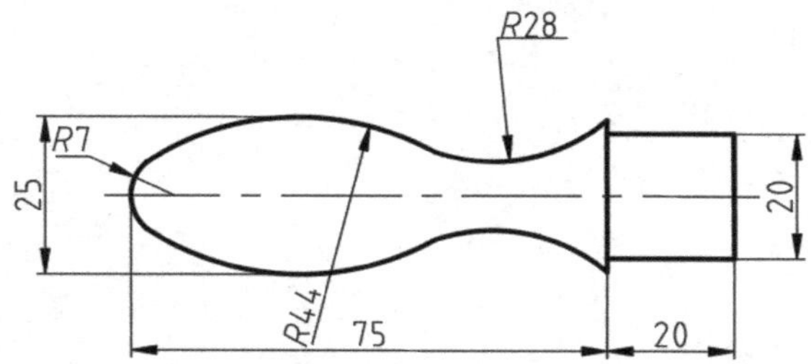 	

1-12　作业：绘制如下所示的图形（包括标注尺寸）。

作业提示如下。

（1）作业名称为基本作图。图纸幅面为 A3；比例为 1∶1。

（2）严格遵守国家标准有关图线、比例、字体、尺寸标注的规定。

（3）正确使用绘图工具，按步骤作图。

（1）

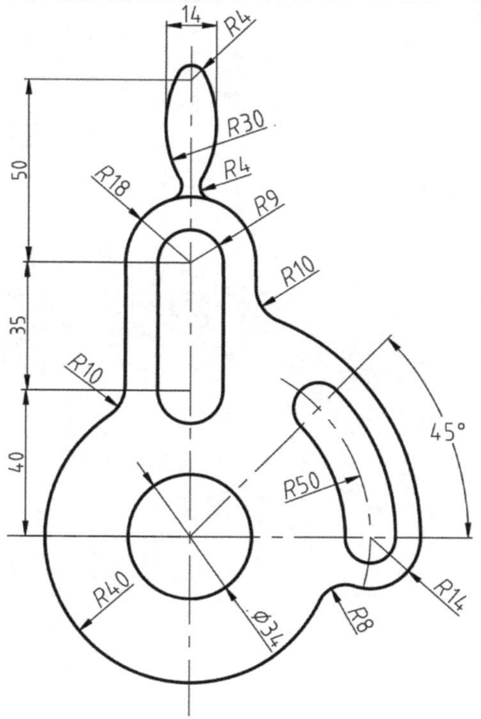

（2）

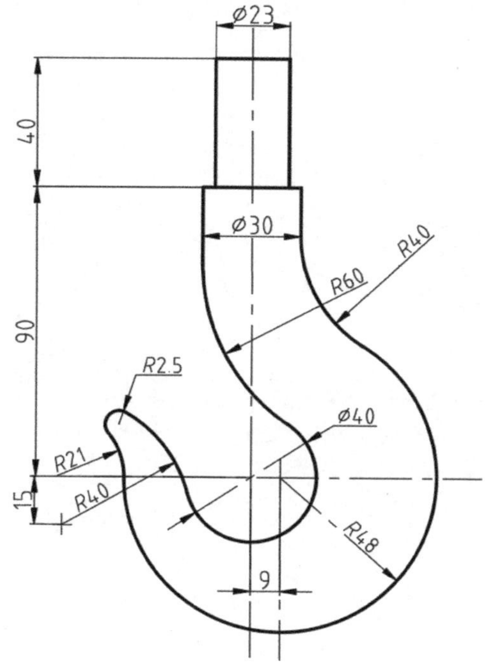

2-1　判断点的空间位置。

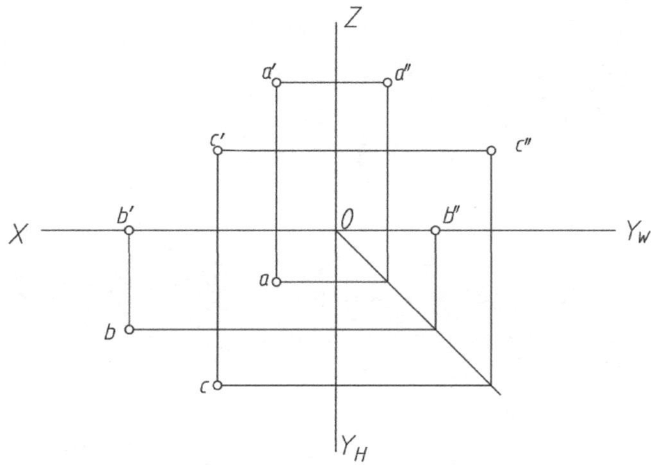

	距 V 面	距 H 面	距 W 面
A			
B			
C			

2-2　已知下列各点的坐标，画出它们的三面投影。

（1）*A*(20,10,20)

（2）*B*(5,20,25)

（3）*C*(0,10,20)

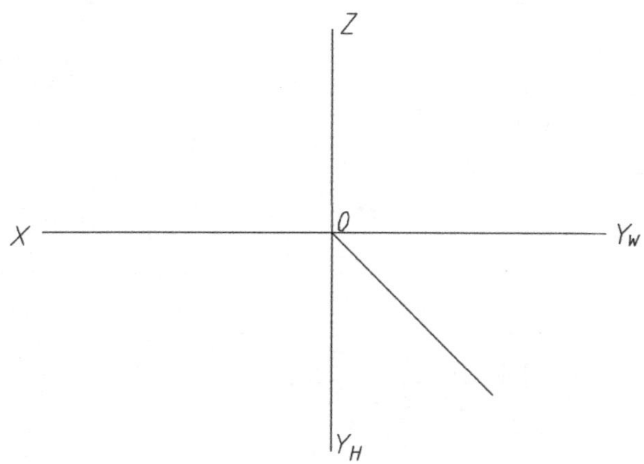

2-3　已知下列各点的两面投影，求作它们的第三面投影。

（1）

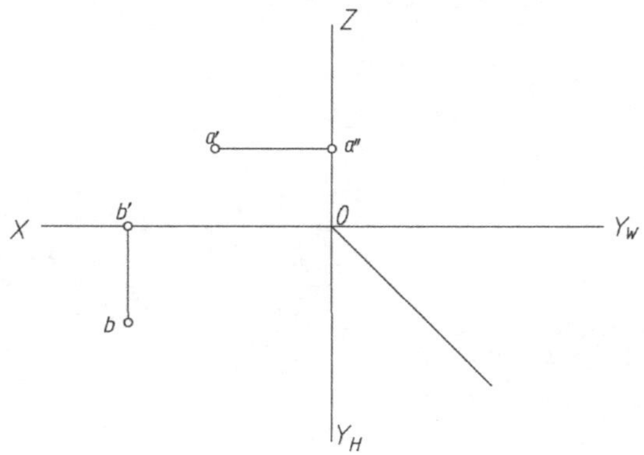

（2）

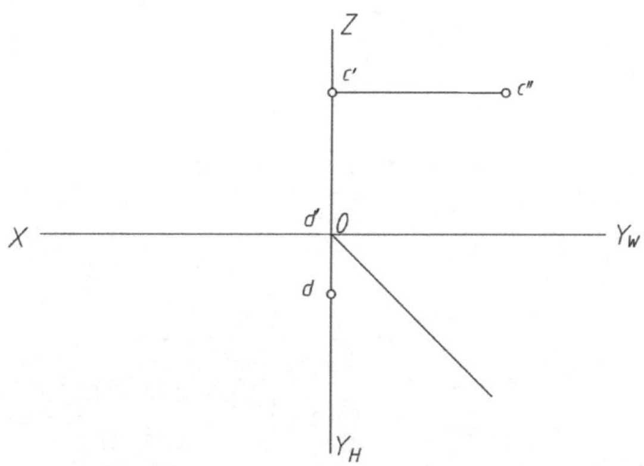

2-4　已知 *A* 点的三面投影，*B* 点在 *A* 点正前方 20mm 处，*C* 点在 *A* 点正上方 15mm 处，画出它们的投影。

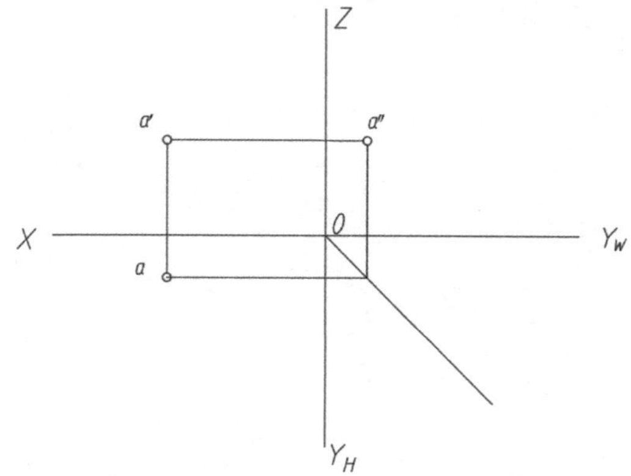

2-5　判断下列直线对投影面的相对位置，画出它们的第三面投影，并在横线上填写名称。

（1）

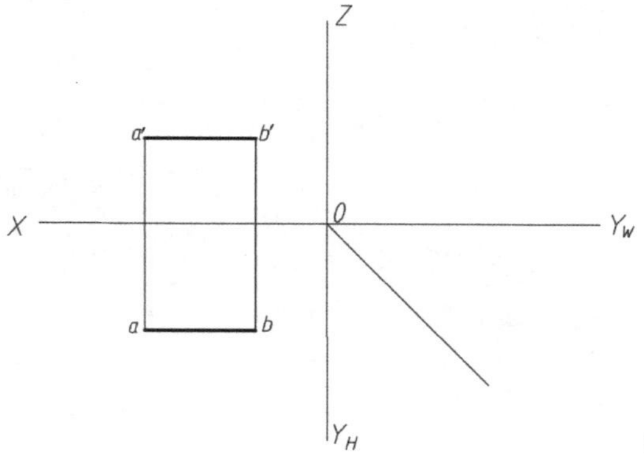

线 ______

（2）

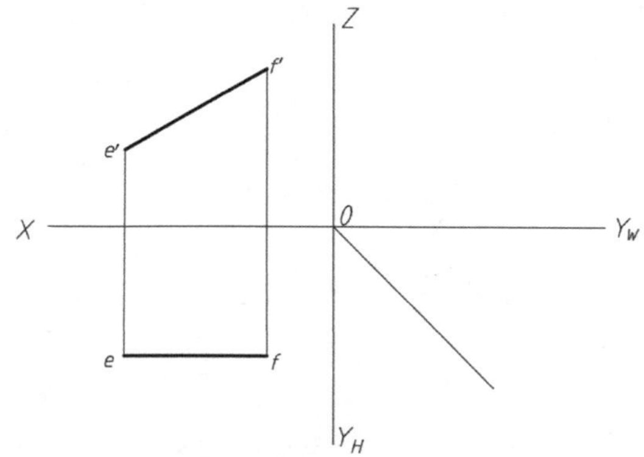

线 ______

（3）

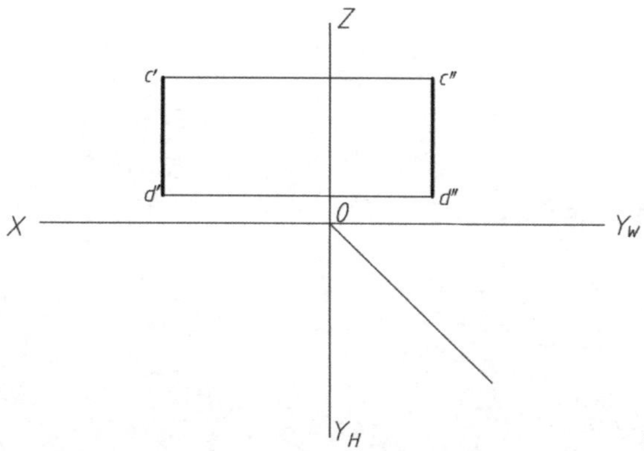

线 ______

（4）

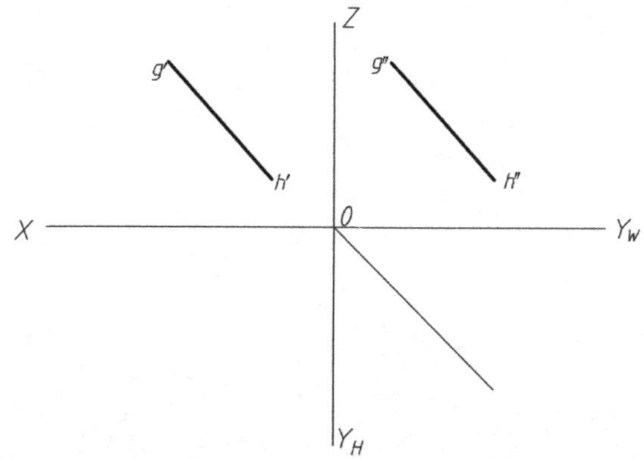

线 ______

2-6　点 *K* 在直线 *AB* 上，已知该点的一个投影，求作其余投影。

（1）

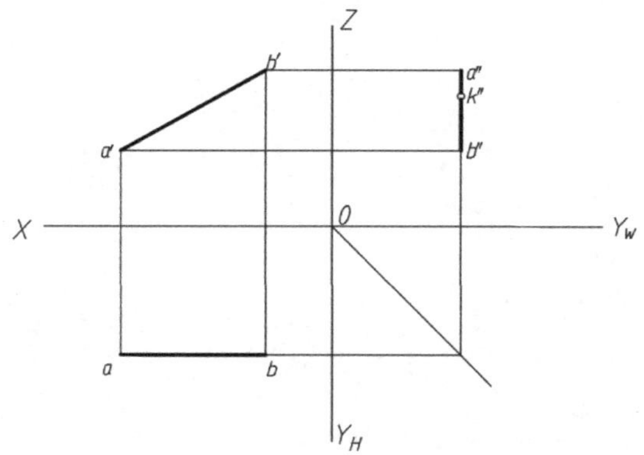

（2）

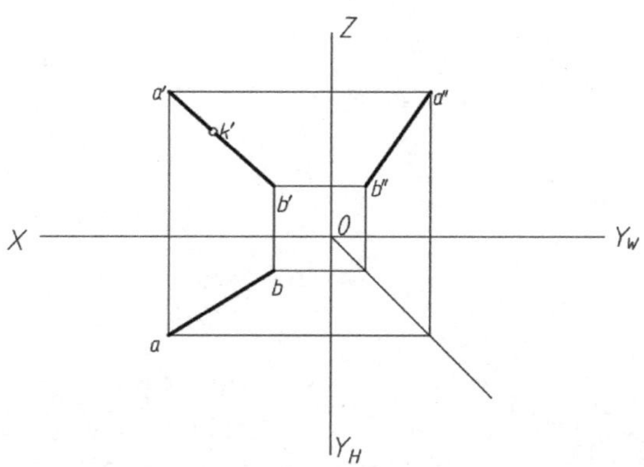

2-7　判断空间点 *K* 是否在直线 *AB* 上，利用从属性在下方图中求解。

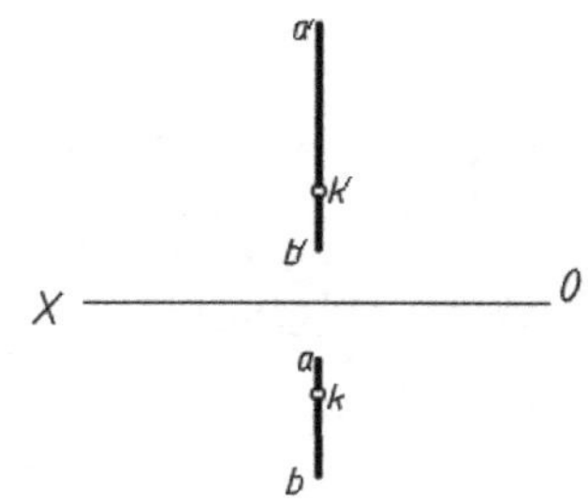

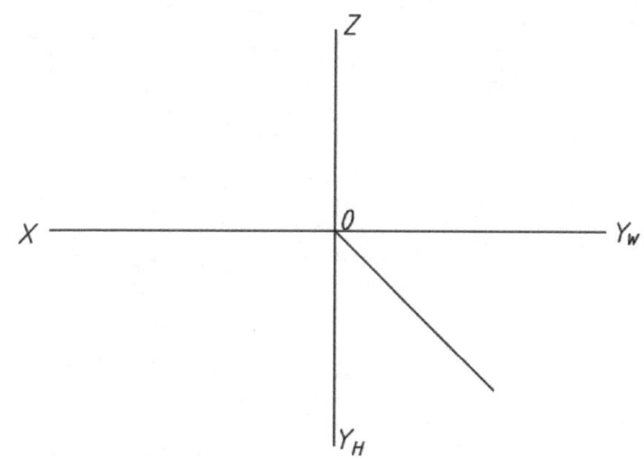

2-8　判断两直线的相对位置，并将相对位置关系的名称填写在横线上。

（1）

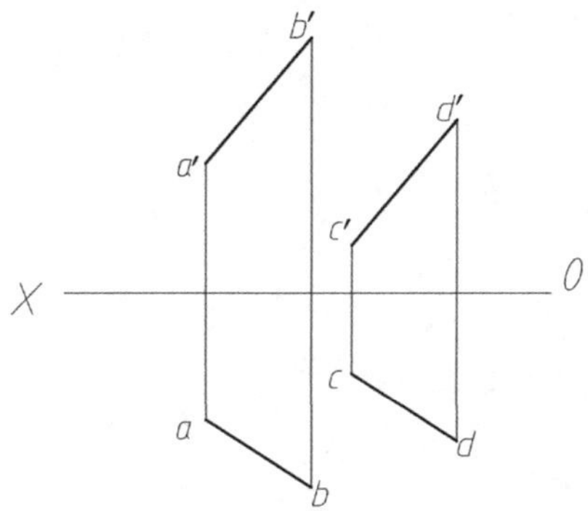

____

（2）

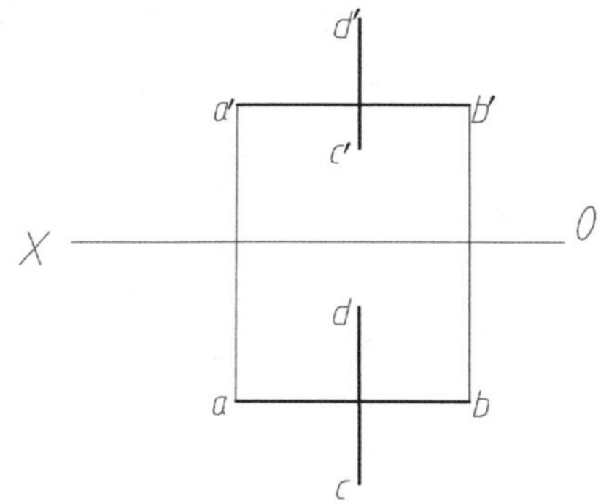

____

（3）

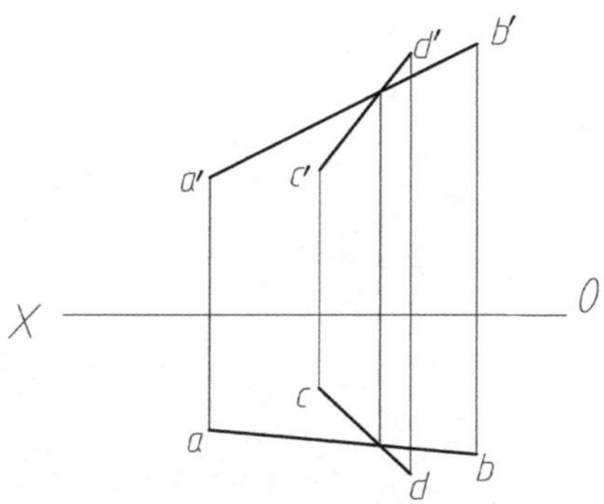

____

（4）

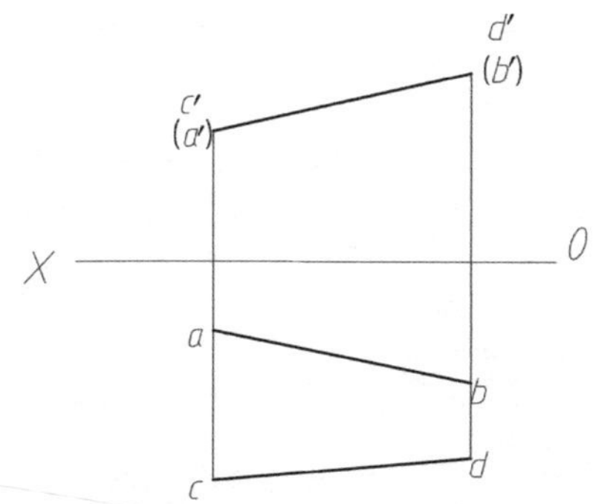

____

2-9 作直线 *KL*，使其与直线 *AB*、*CD* 相交，且平行于直线 *EF*。

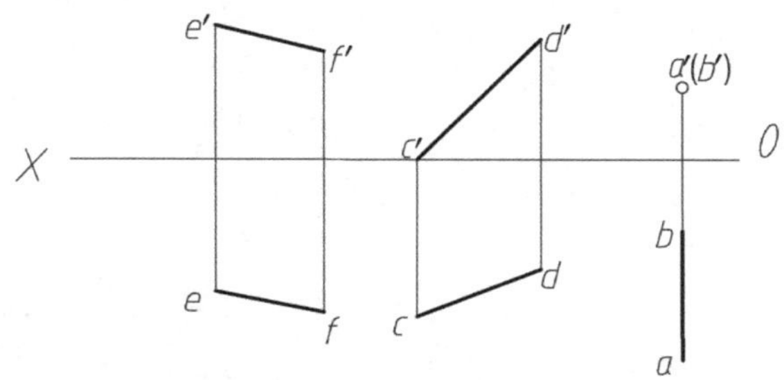

2-10 作一水平线 *EF*，使其与 *H* 面的距离为 10mm，并与直线 *AB*、*CD* 相交。

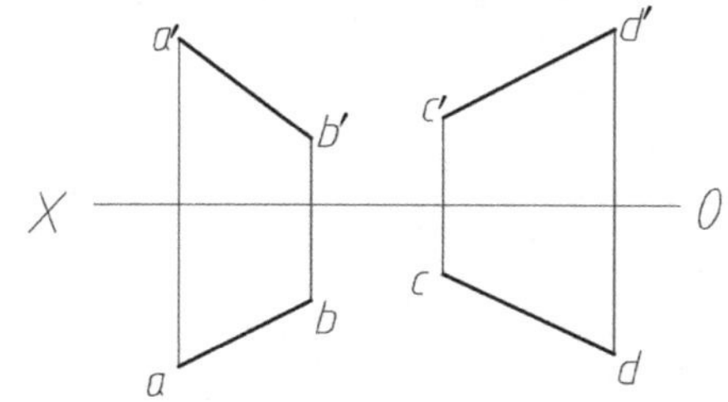

2-11 作一水平直线，使其与直线 *AB*、*CD* 分别相交于点 *E*、*F*，且 *EF*=22mm。

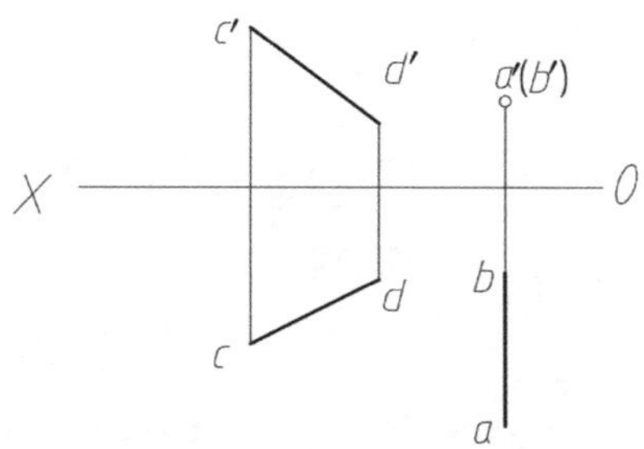

2-12 求作水平线 *MN*，使其与直线 *AB*、*CD*、*EF* 均相交。

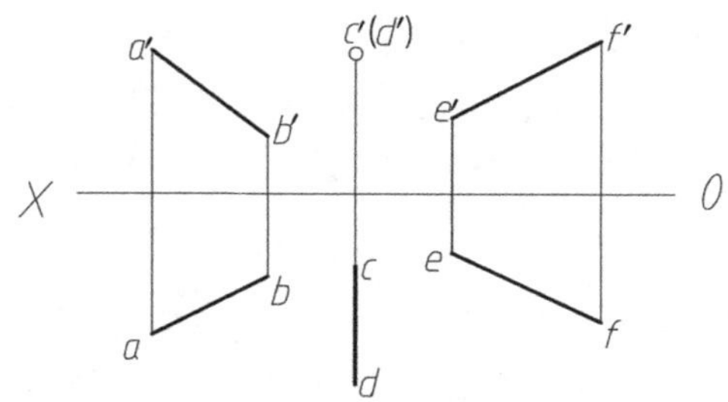

2-13　判断线段 *KC*（*KL*）是否属于平面 *ABC*。

（1）

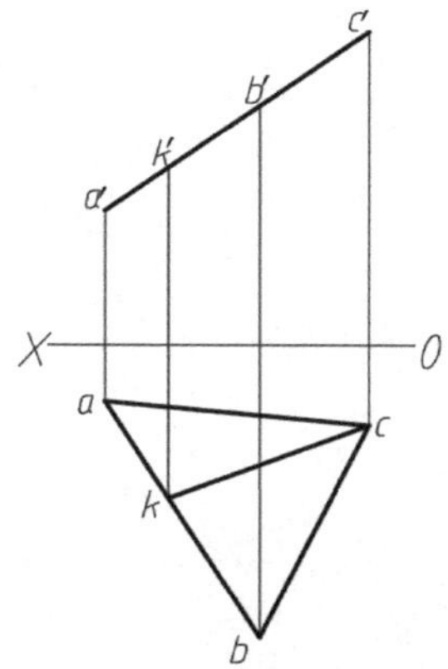

（2）

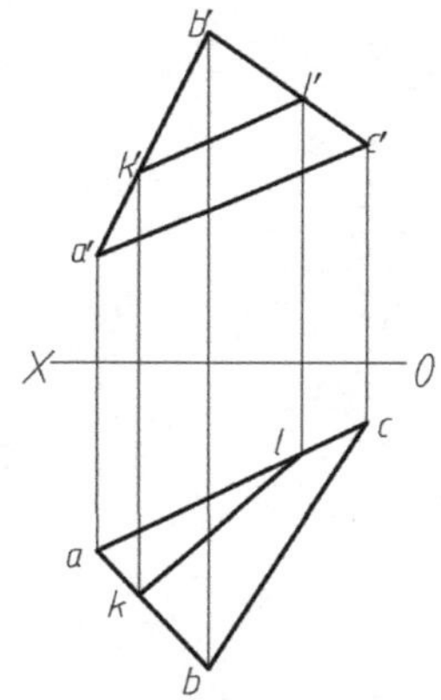

（3）

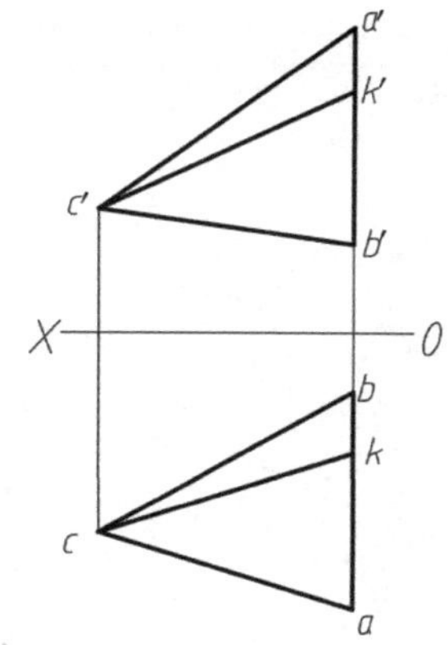

2-14　判断 *K* 点是否属于平面 *ABC*。

（1）

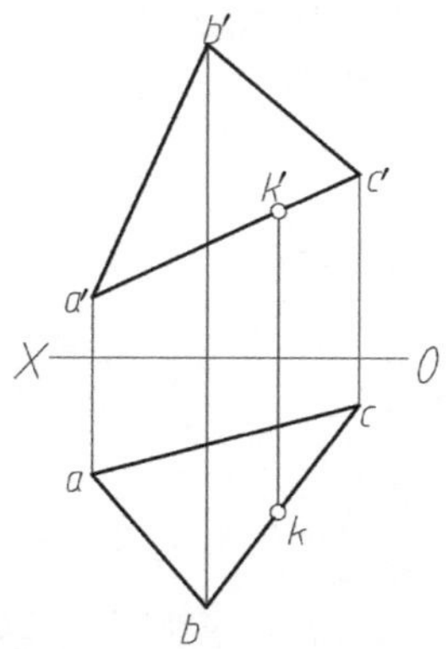

（2）

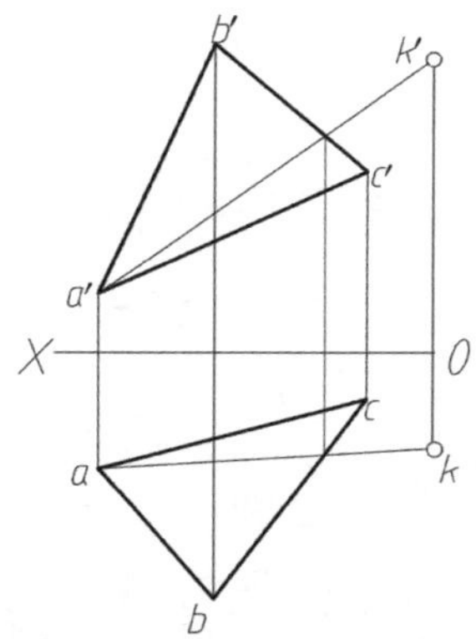

（3）

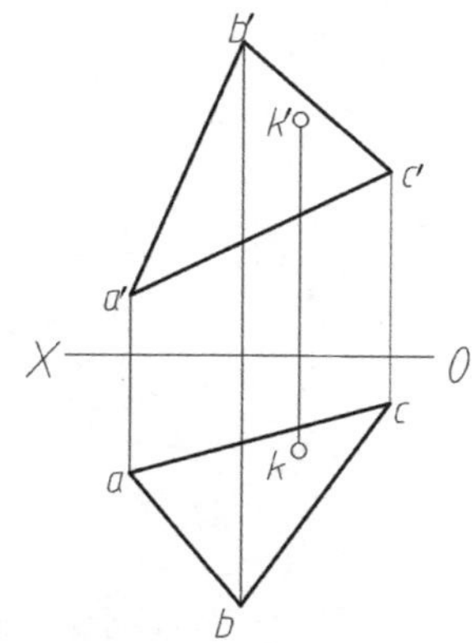

班级　　　　学号　　　　姓名

2-15 已知点 *A*、*B*、*C*、*D*、*E* 共面，完成五边形的水平投影。

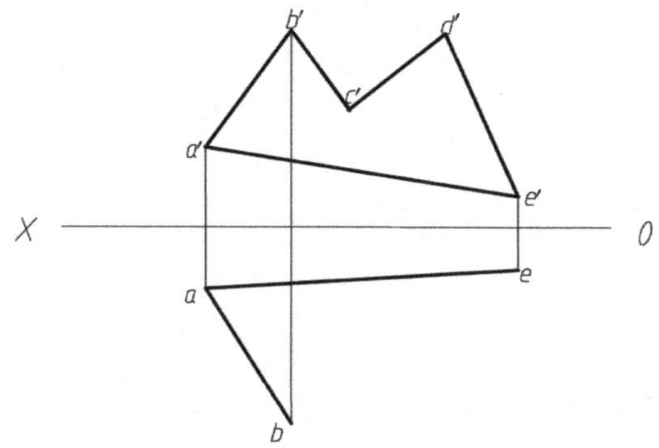

2-16 补全平面图形 *ABCDEFG* 的正面投影。

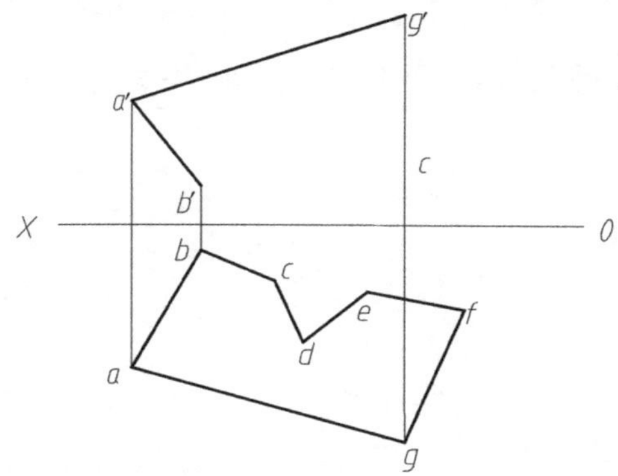

2-17 已知平面图形 *DEF* 属于平面 *ABC*，完成其正面投影。

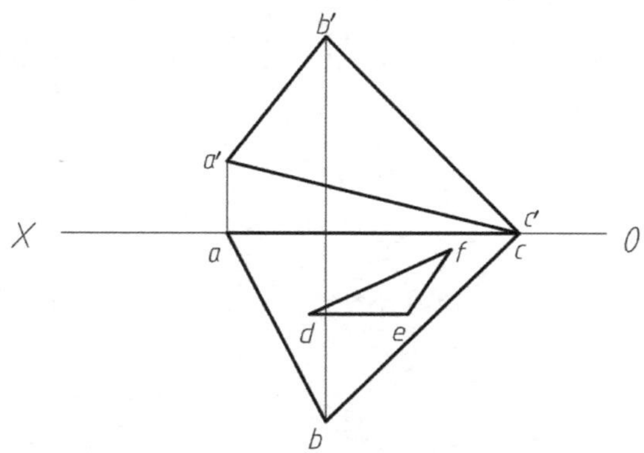

2-18 求直线与平面的交点，并判断其可见性。

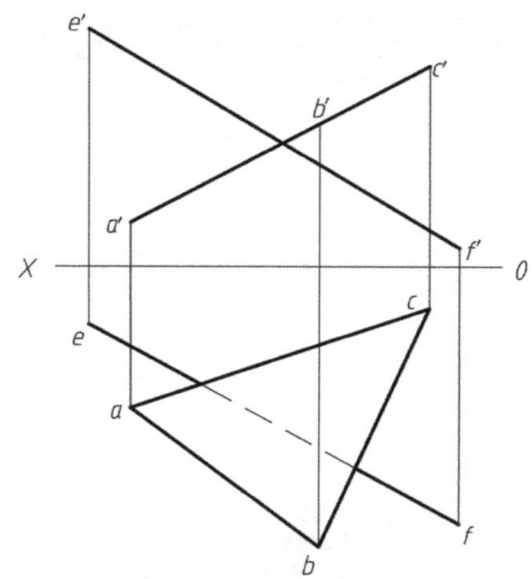

2-19　已知直线 *MN* 与△*ABC* 所在的平面平行，完成△*ABC* 的水平投影。

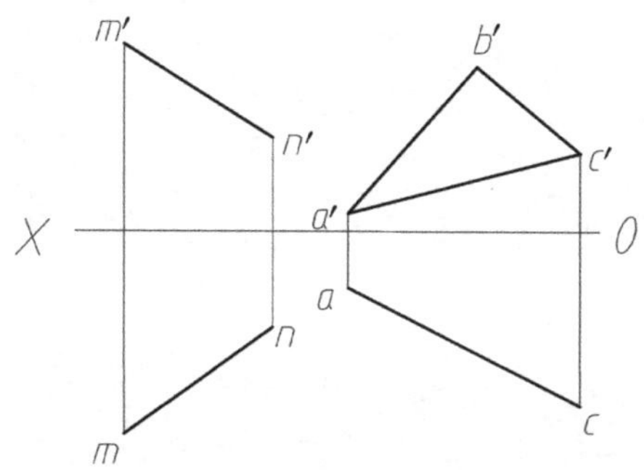

2-20　在平面 *ABC* 内作一条距 *V* 面 20mm 的正平线。

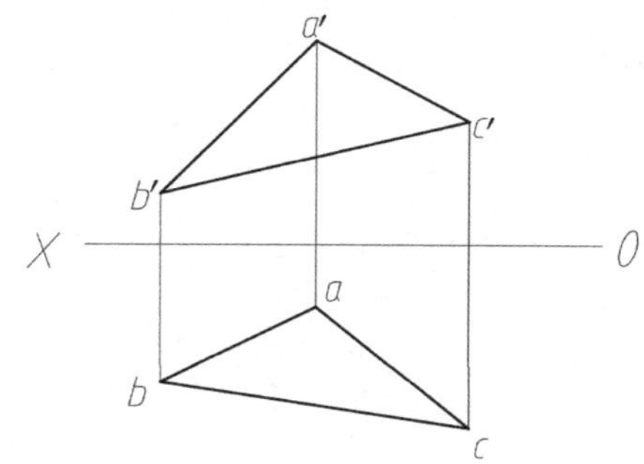

2-21　在由相交两直线 *AB*、*CD* 组成的平面内，过 *K* 点作一正平线 *EF*。

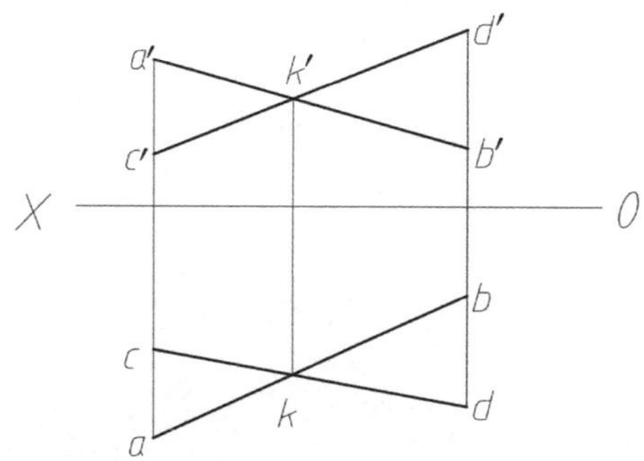

2-22　已知平面 *ABC* 垂直于平面 *DEF*，求作平面 *ABC* 的水平投影。

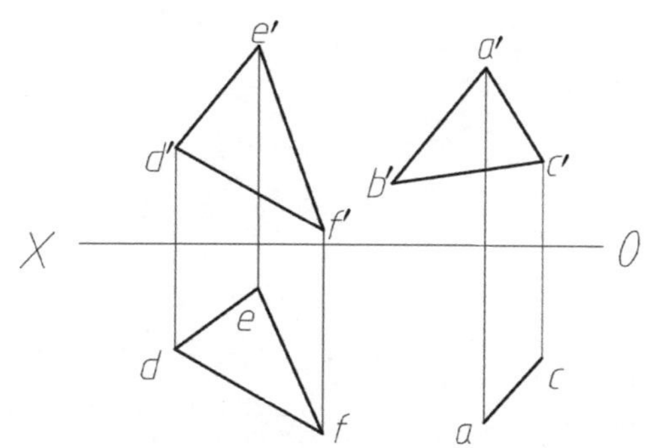

班级　　　　学号　　　　姓名

2-23　根据已知的两个视图，并参照物体的立体图，补画其第三个视图。

（1）

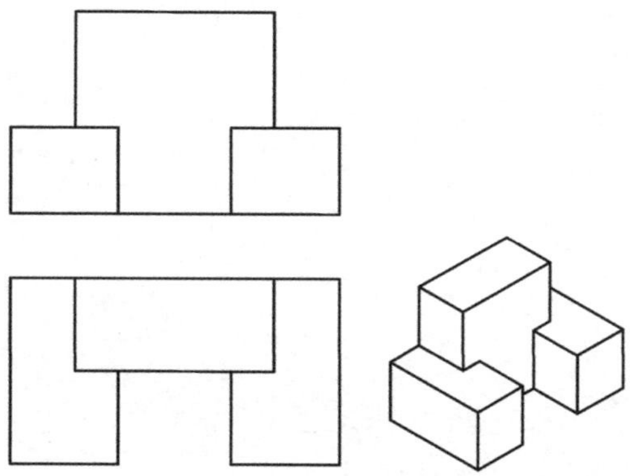

（2）

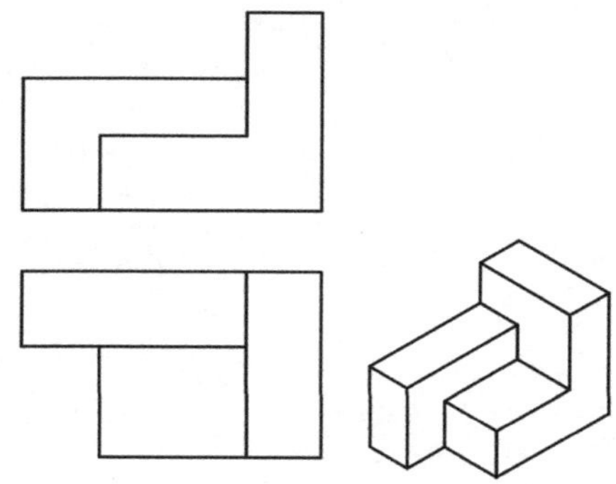

（3）

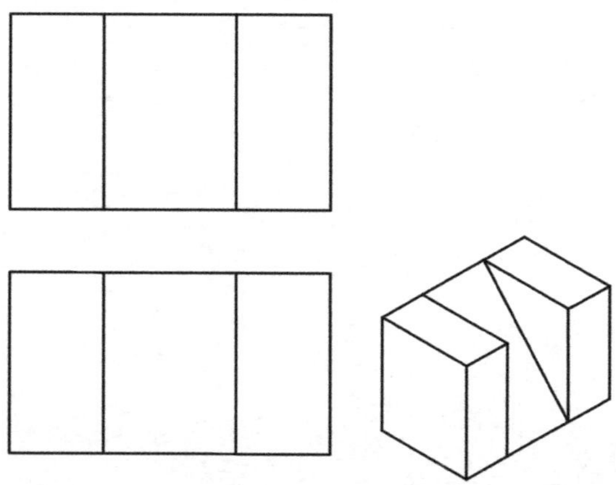

（4）

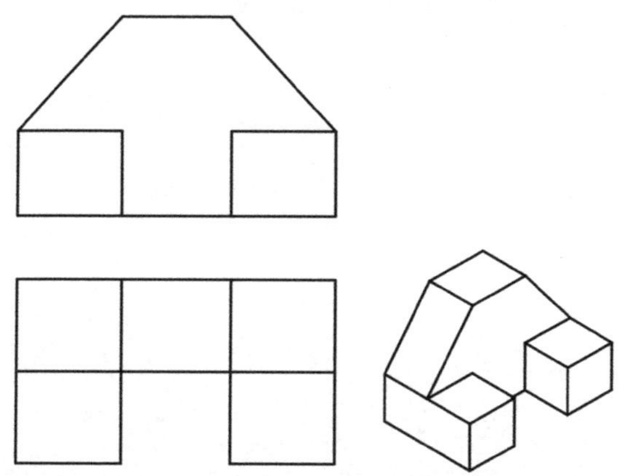

班级　　　　学号　　　　姓名

3-1　求出六棱柱表面上各点的其余两投影。

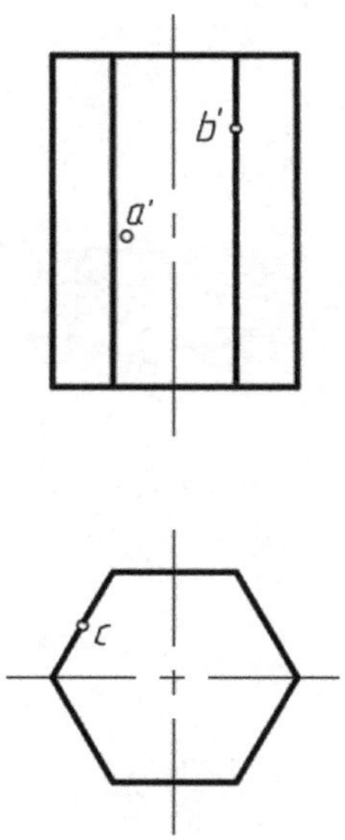

3-2　求出正三棱锥表面上各点的其余两投影。

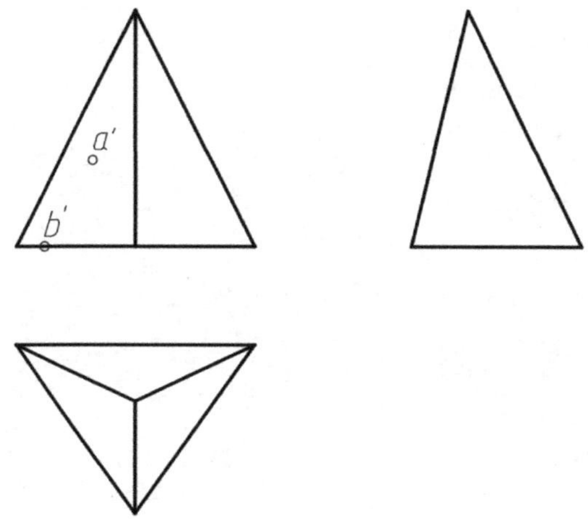

3-3　求出回转体表面上各点的其余两投影。

（1）

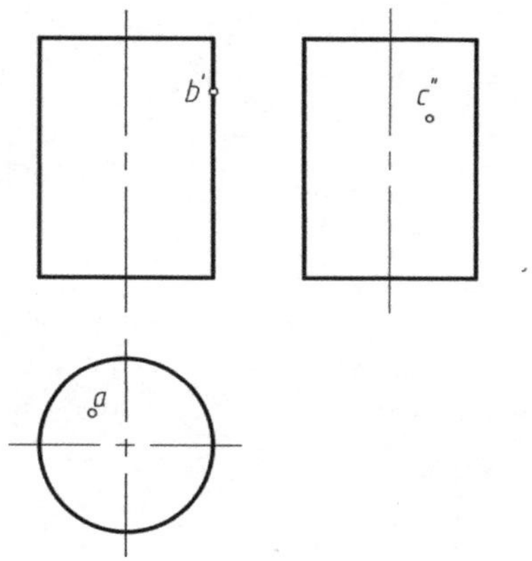

（2）

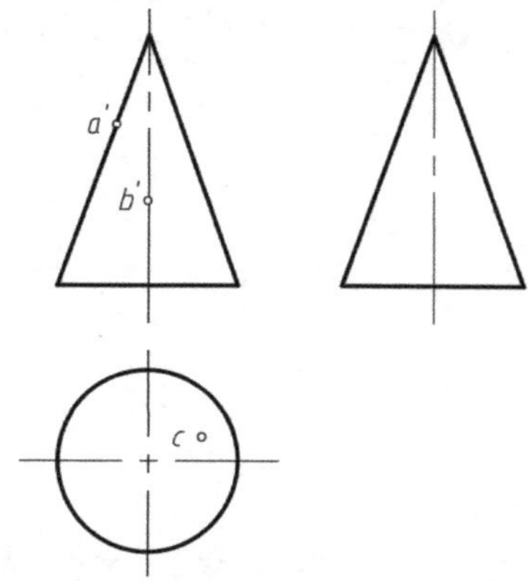

（3）

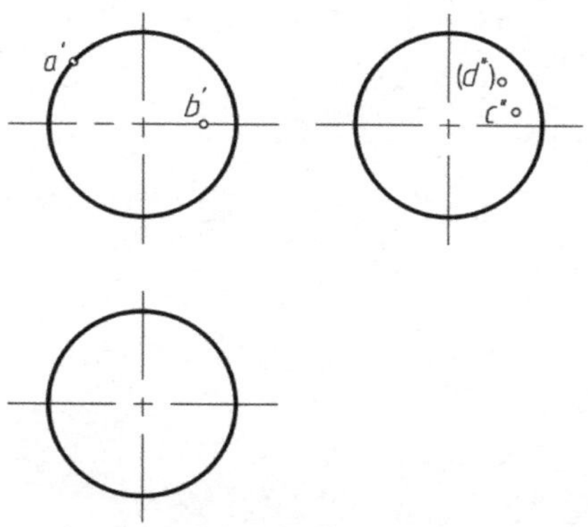

（4）

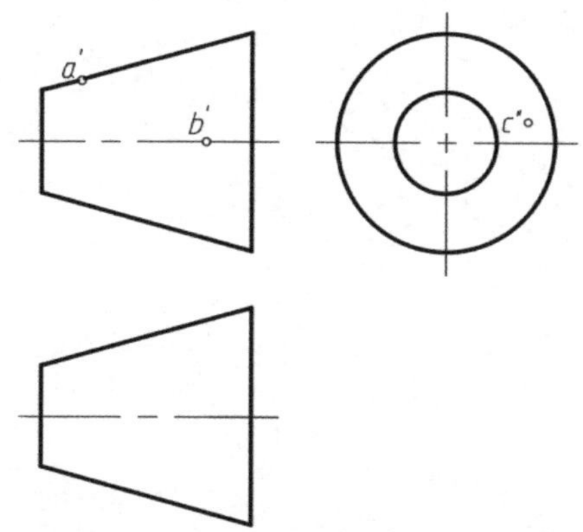

3-4　补全被正垂面截切后的六棱柱的投影。

（1）

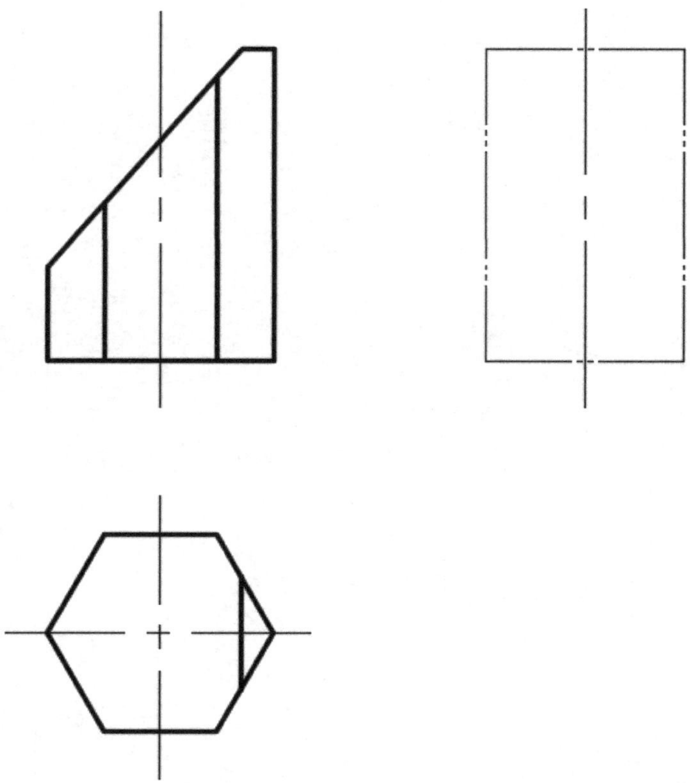

（2）

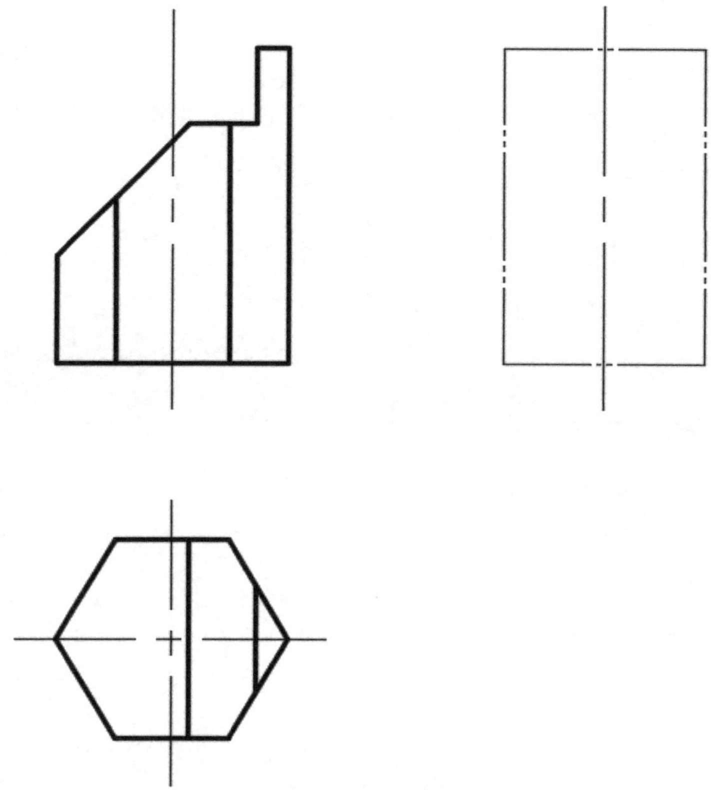

3-5　补全被正垂面截切后的棱锥的投影。

（1）

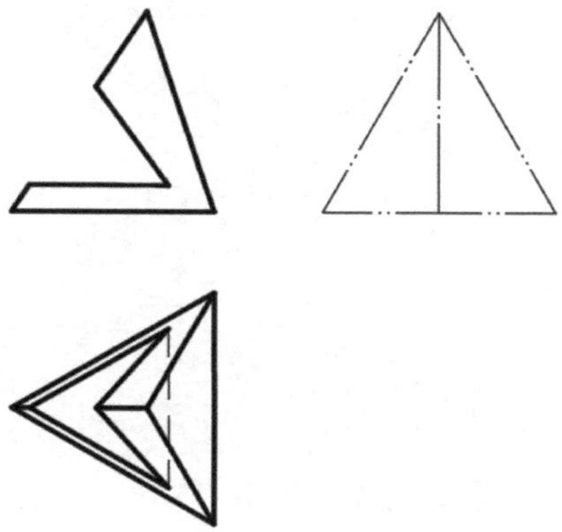

（2）

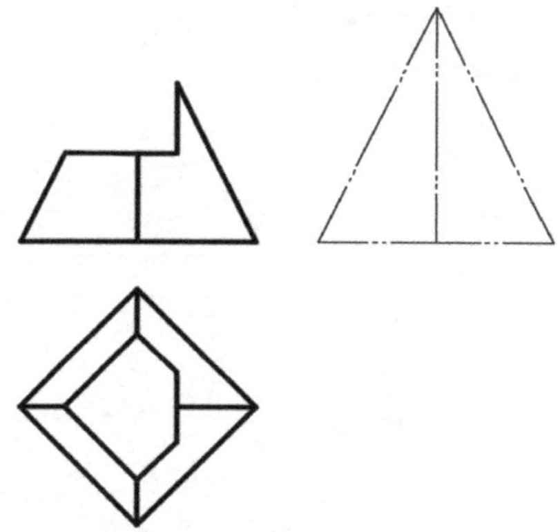

（3）

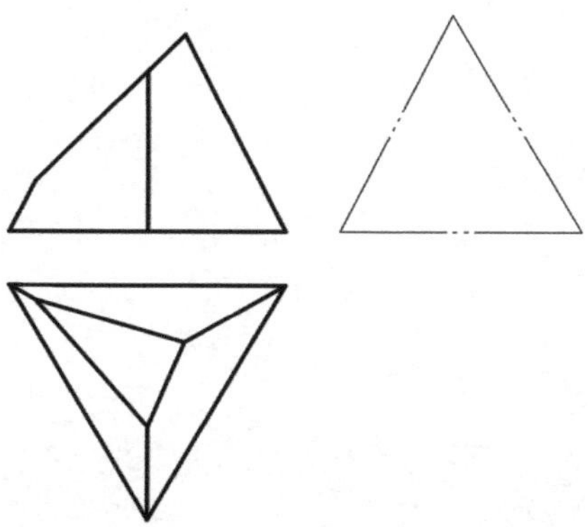

（4）

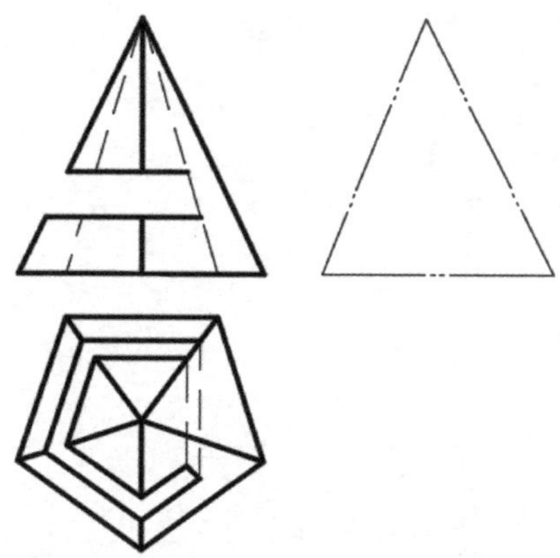

3-6　补全圆柱被截切后的投影。

（1）

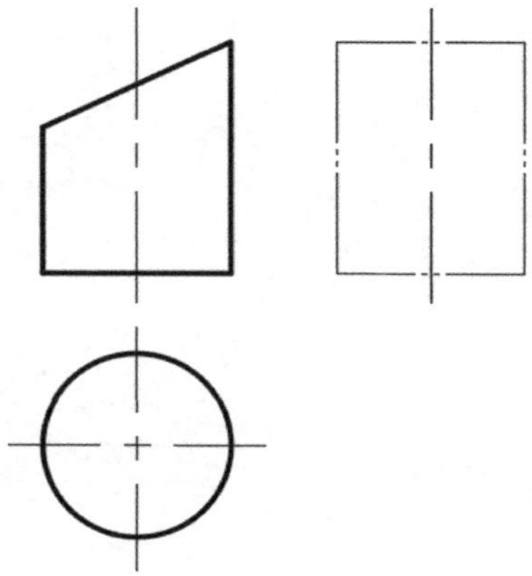

（2）

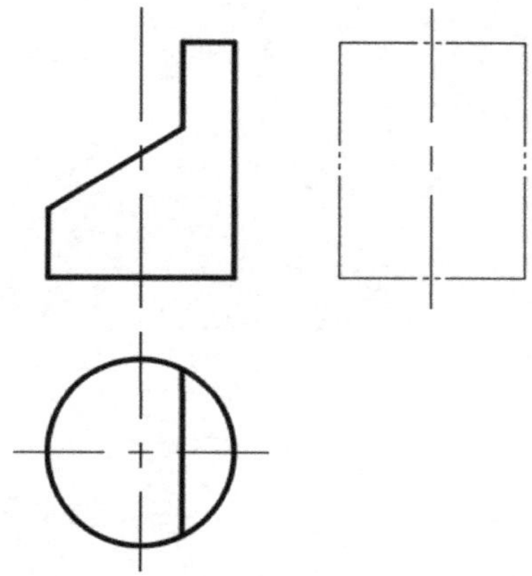

（3）

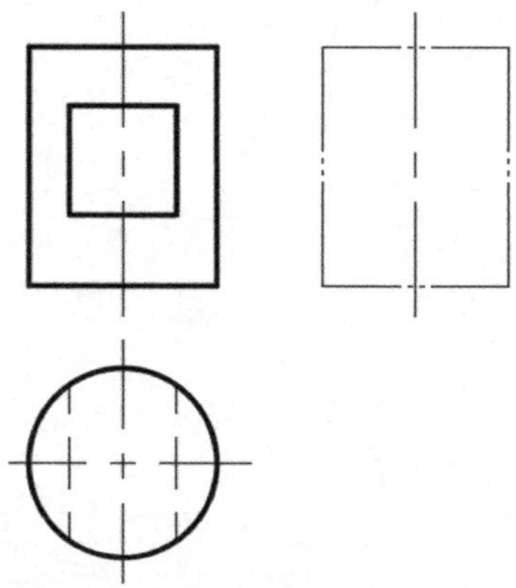

（4）

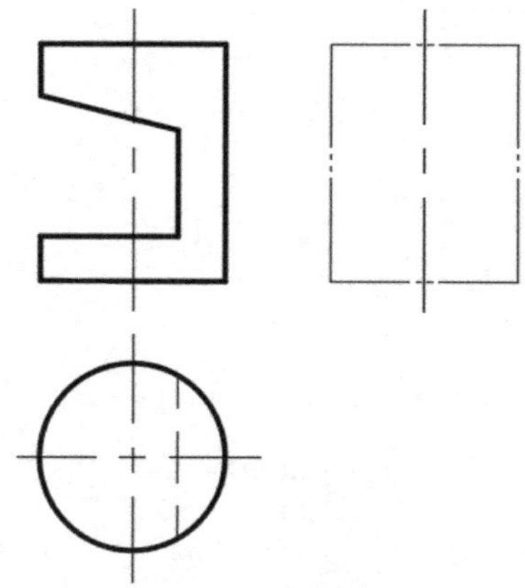

3-7　补全圆锥被截切后的投影。

（1）

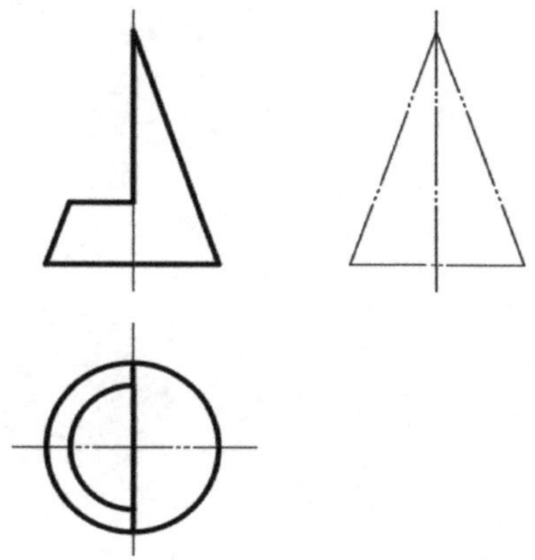

（2）

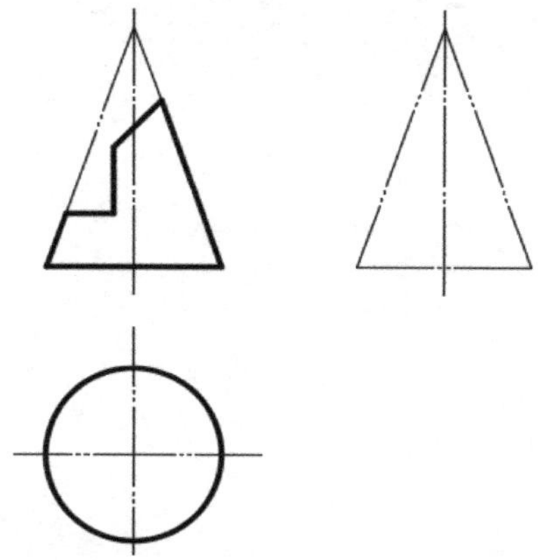

（3）

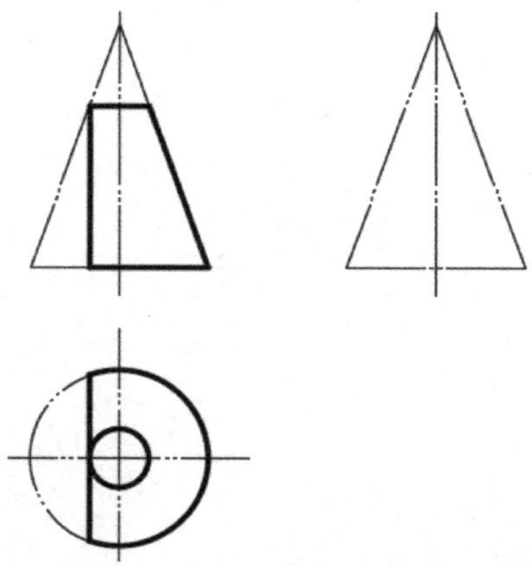

（4）

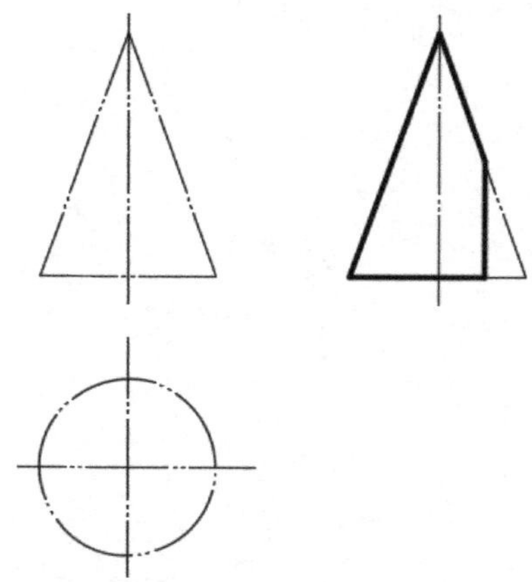

3-8　补全球体被截切后的投影。

（1）

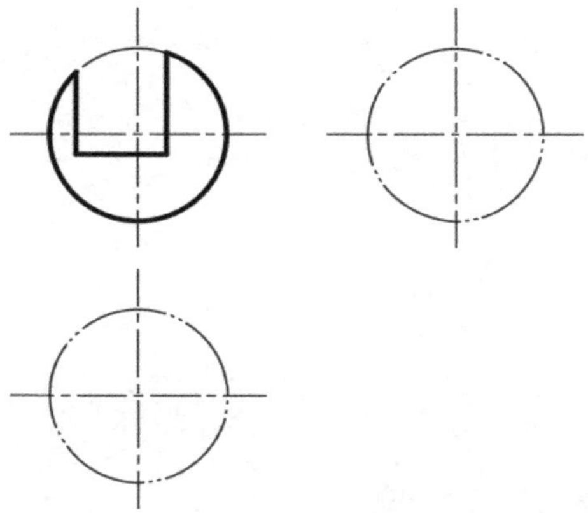

（2）

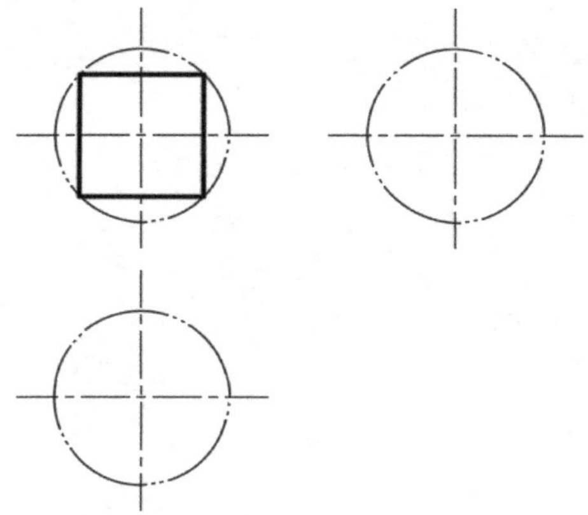

（3）

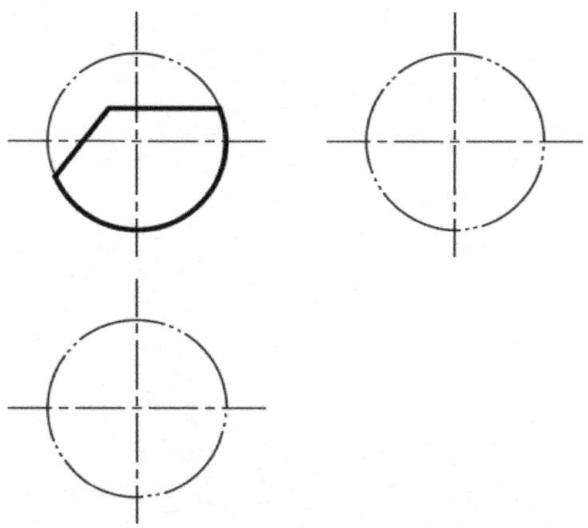

（4）

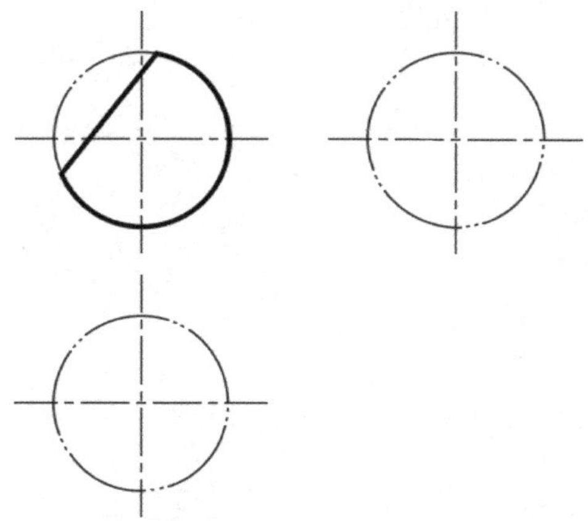

3-9　补全回转体被截切后的投影。

（1）

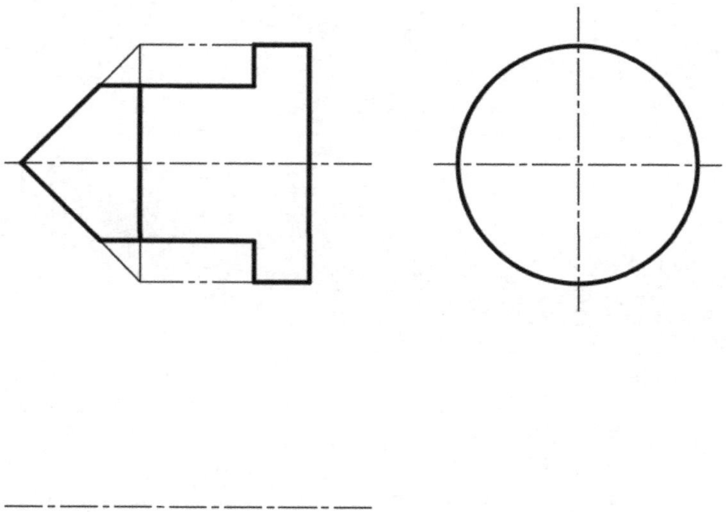

（2）

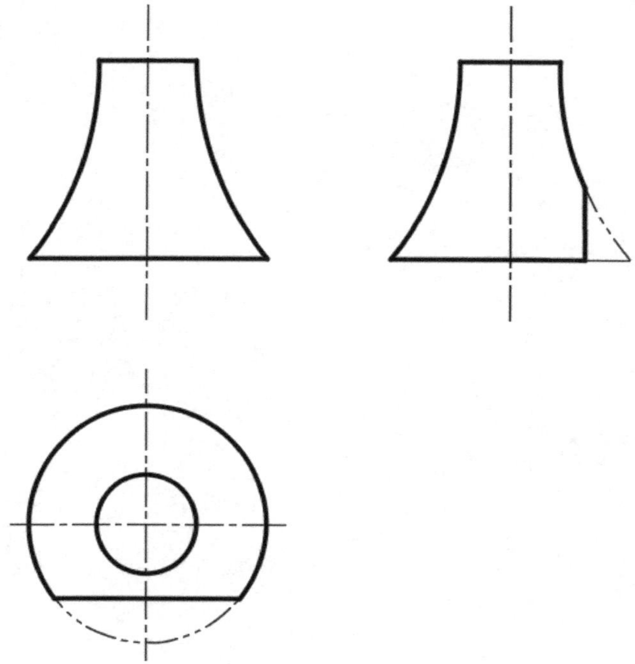

3-10　根据立体图选择正确的视图。

（1）

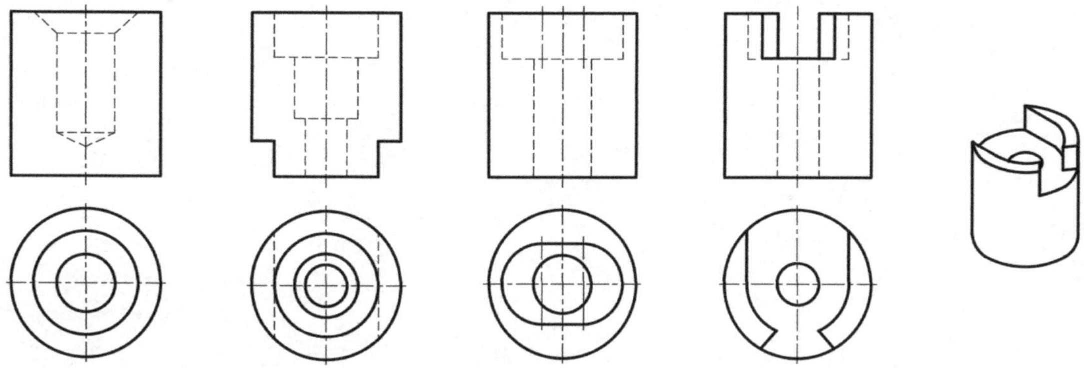

（2）

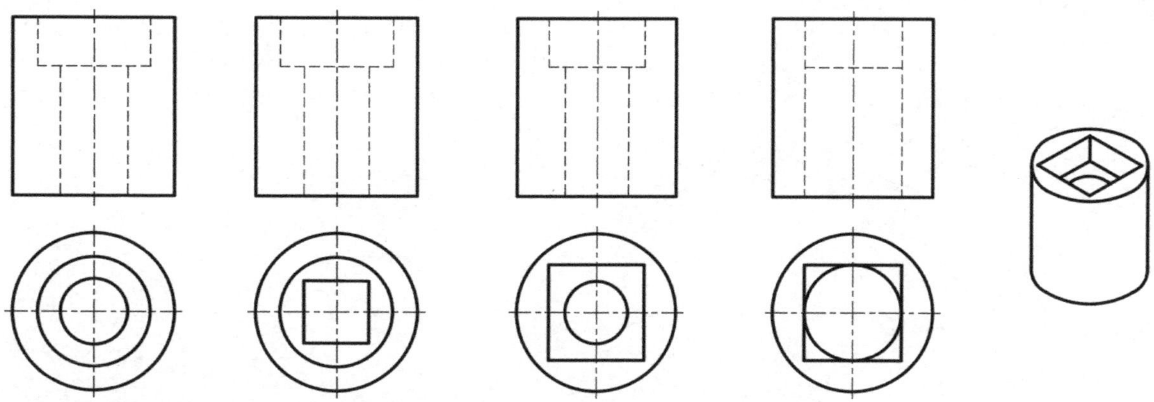

3-11　已知立体的正面投影和水平投影，补画其侧面投影。

（1）

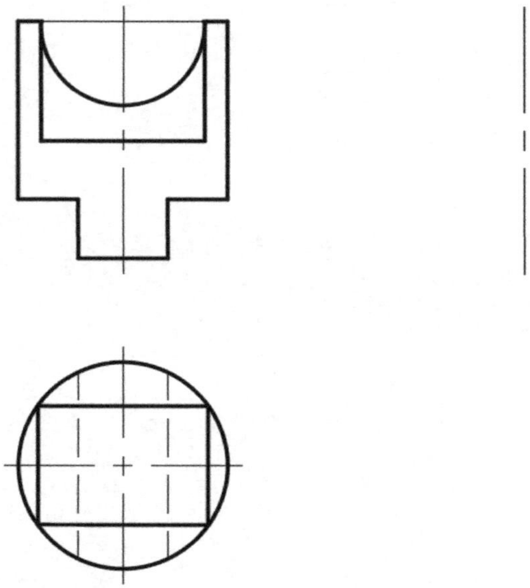

（2）

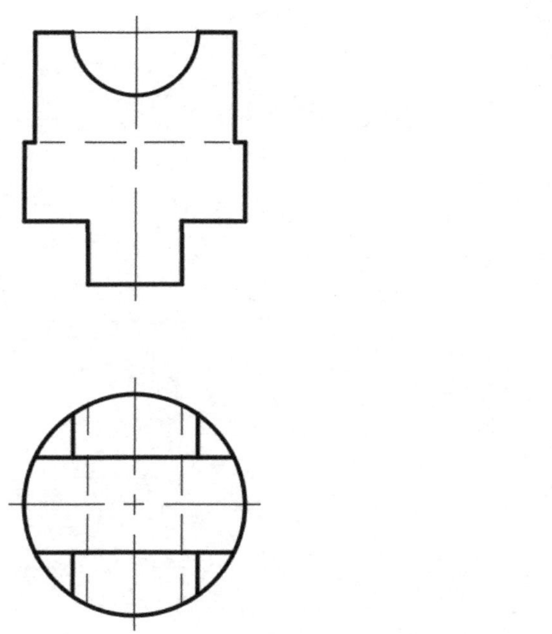

3-12 完成相交圆柱的相贯线的投影。

(1)

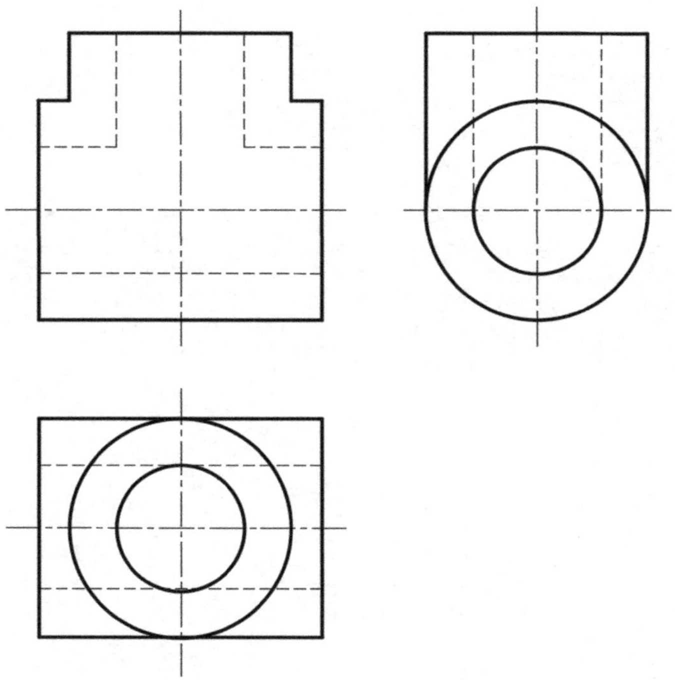

(2)

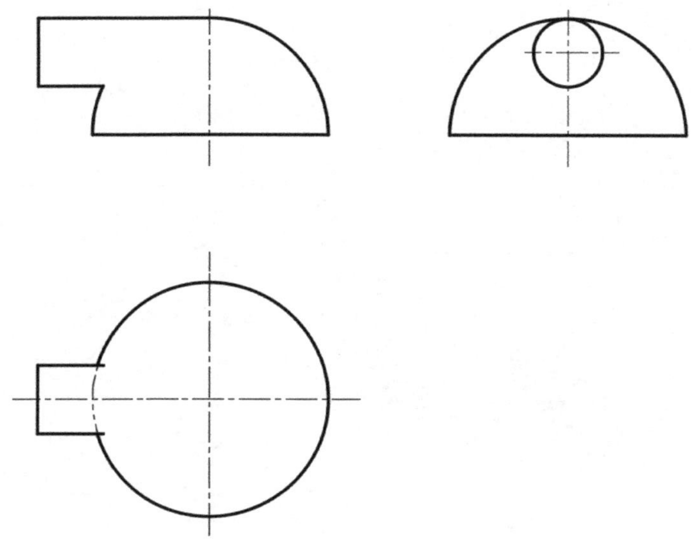

3-12　完成相交圆柱的相贯线的投影（续）。

（3）

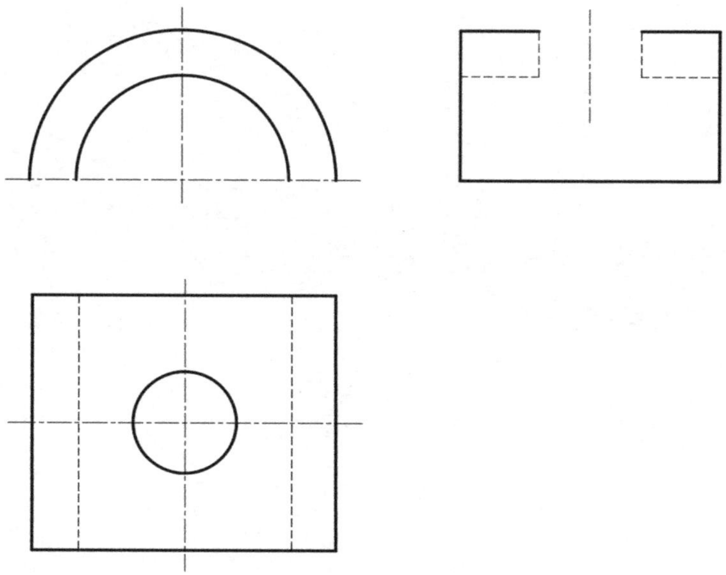

（4）

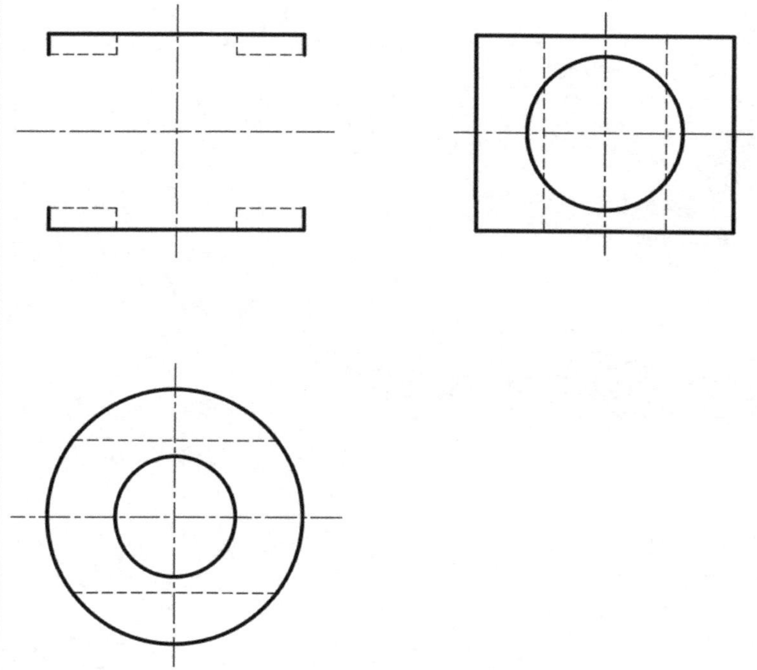

3-13　补全正面投影。

(1)

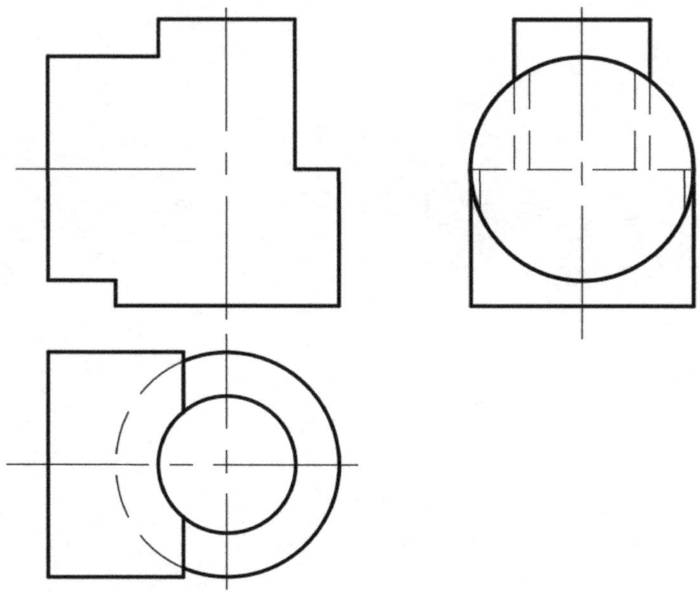

(2)

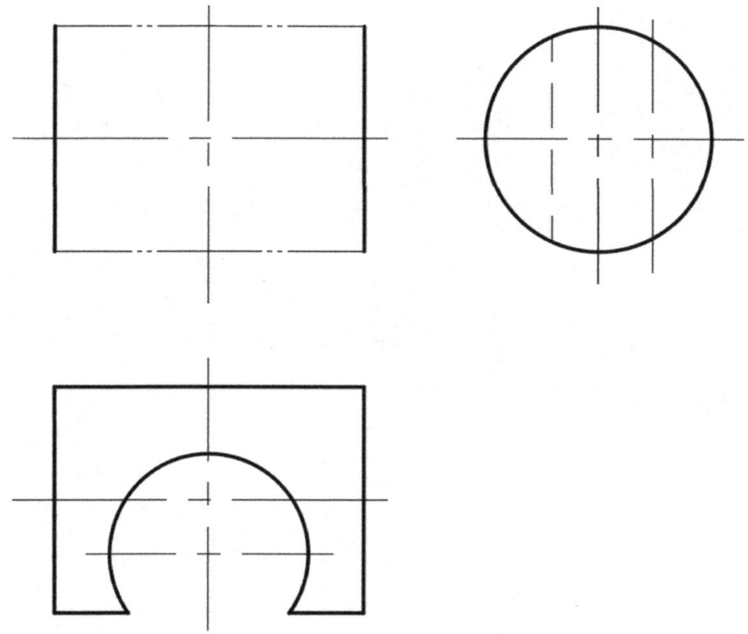

4-1　根据立体图补画图线。

（1）

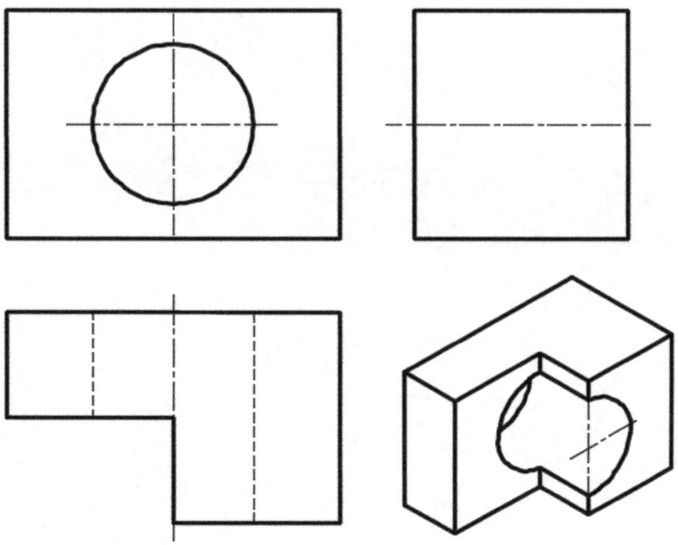

（2）

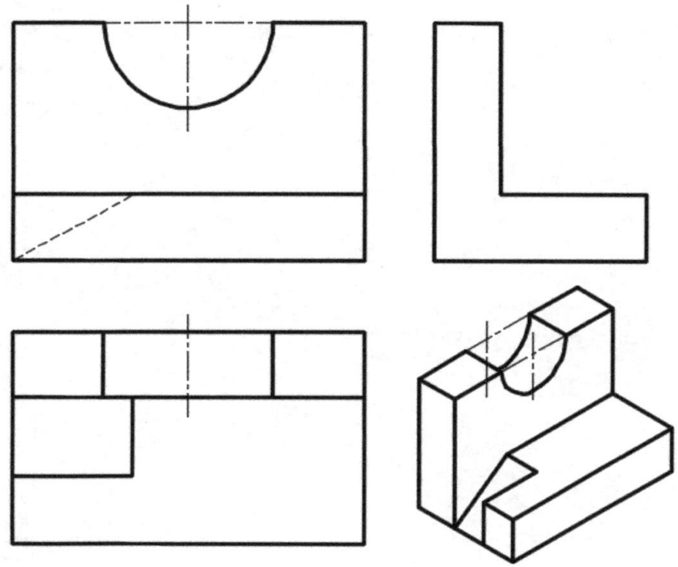

4-1　根据立体图补画图线（续）。

（3）

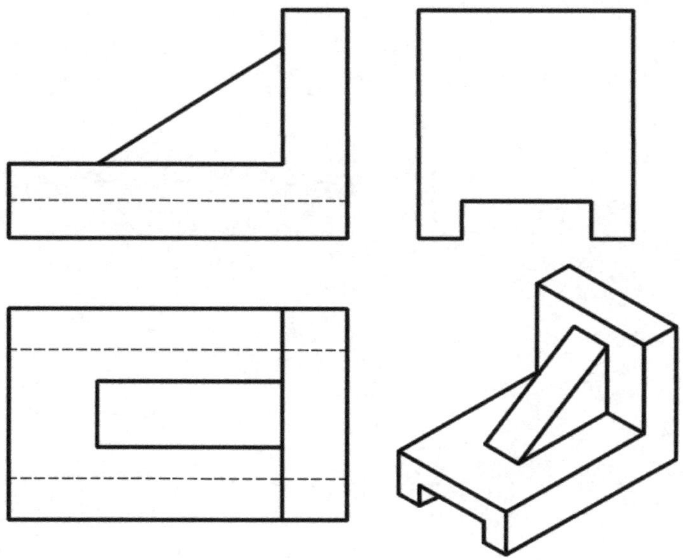

（4）

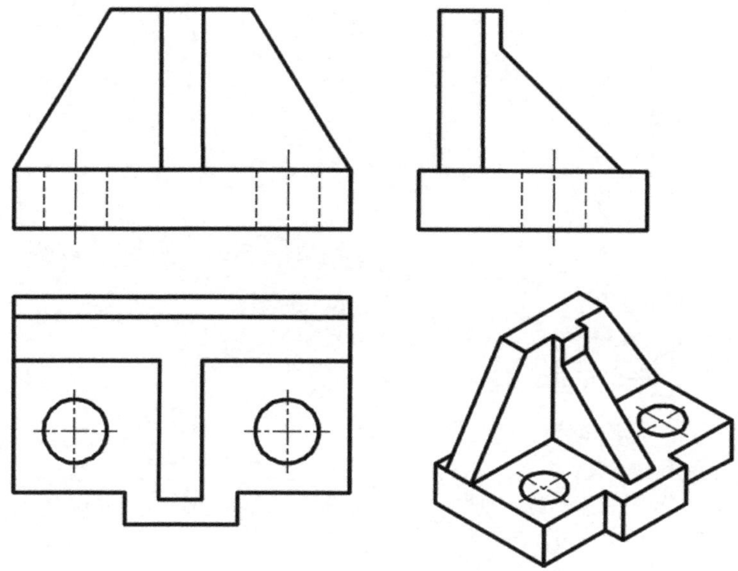

4-2　补画视图中所缺的图线。

（1）

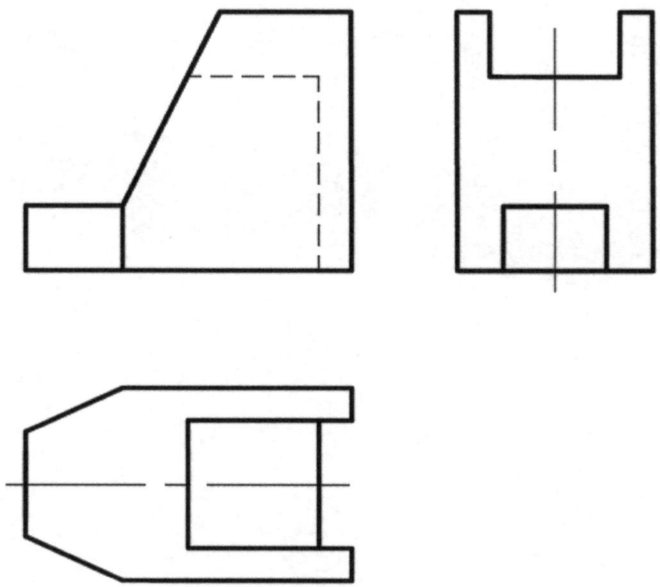

（2）

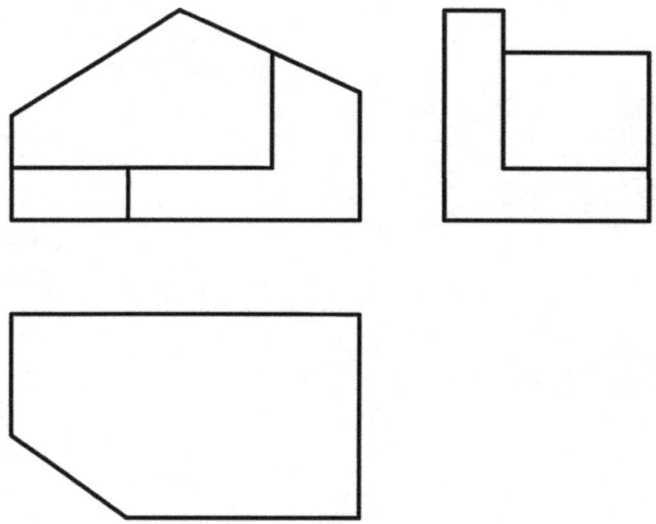

4-2　补画视图中所缺的图线（续）。

（3）

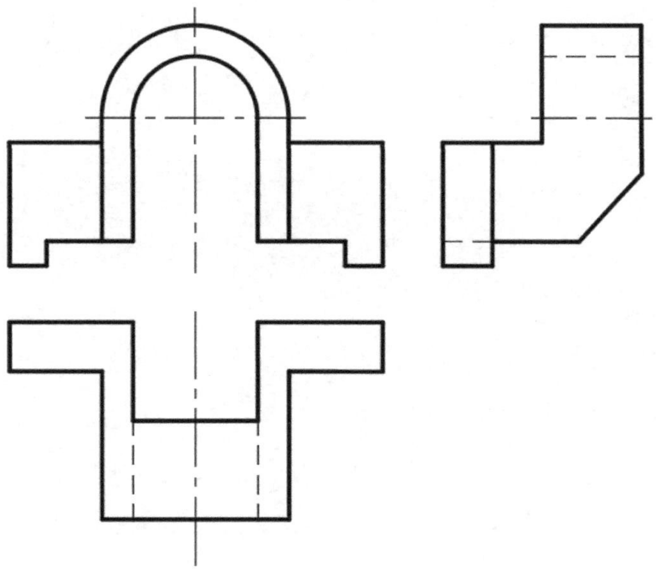

（4）

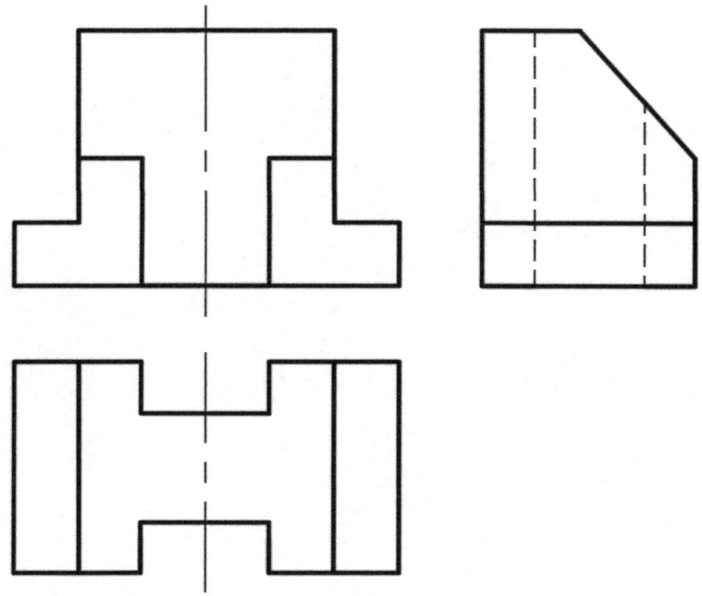

4-2　补画视图中所缺的图线（续）。

（5）

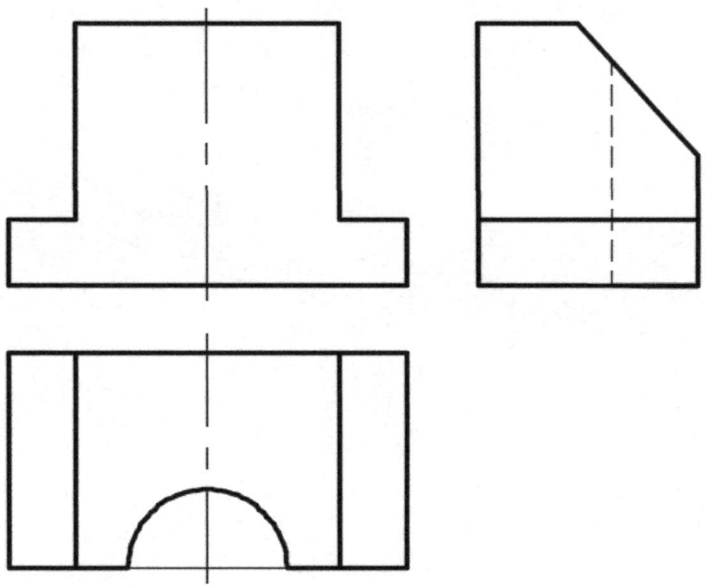

（6）

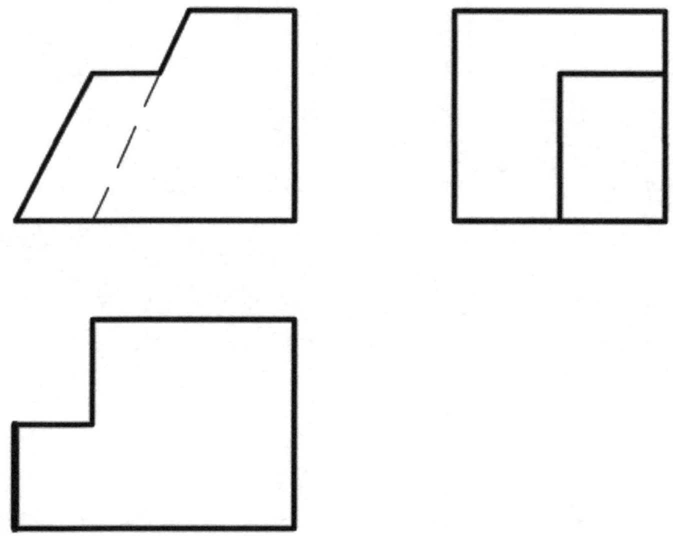

4-3　徒手绘图练习（根据立体图的大小，利用网格，目测画出组合体的三视图）。

（1）

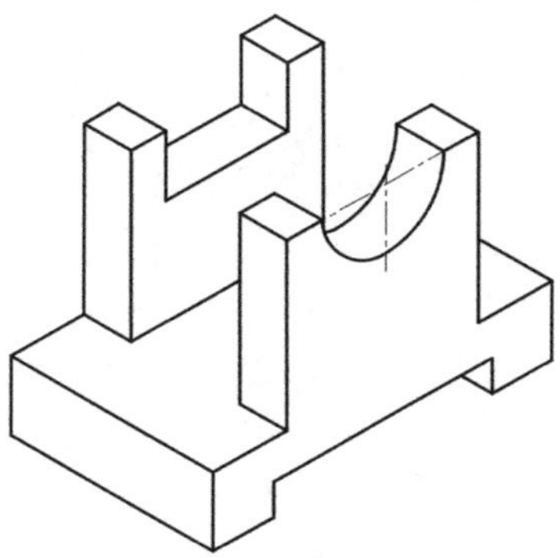

（2）

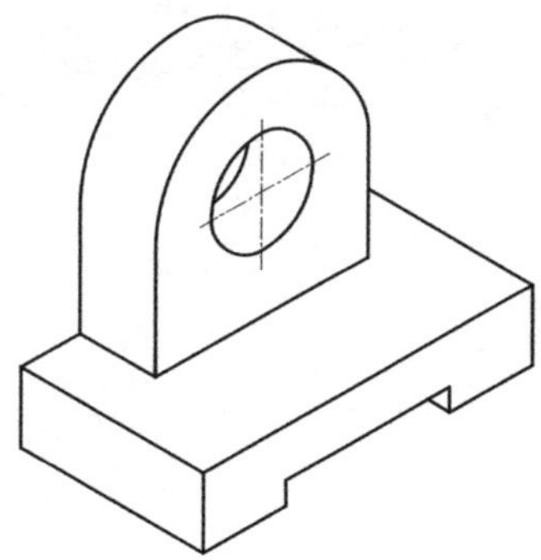

4-4　根据立体图，画出组合体的三视图（尺寸数值按 1:1 的比例从图中量取，并取整数）。

（1）

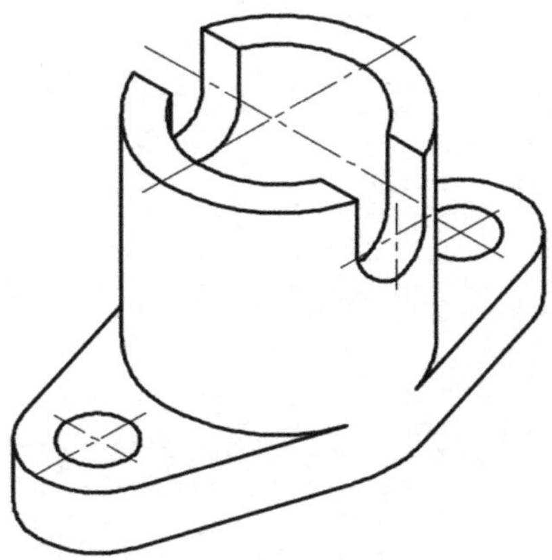

（2）

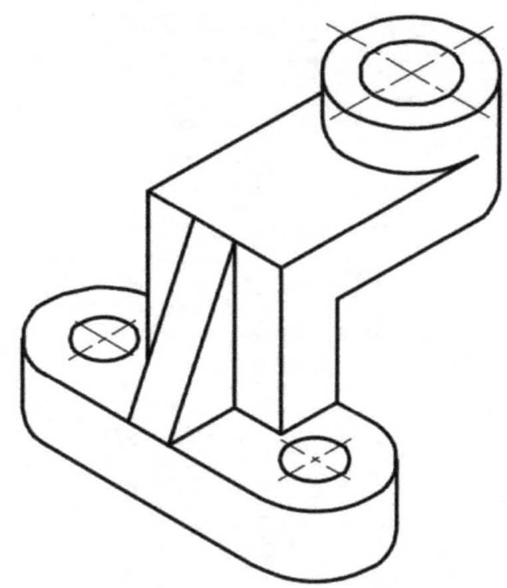

4-5　根据所给的主视图、俯视图，选择正确的左视图。

（1）

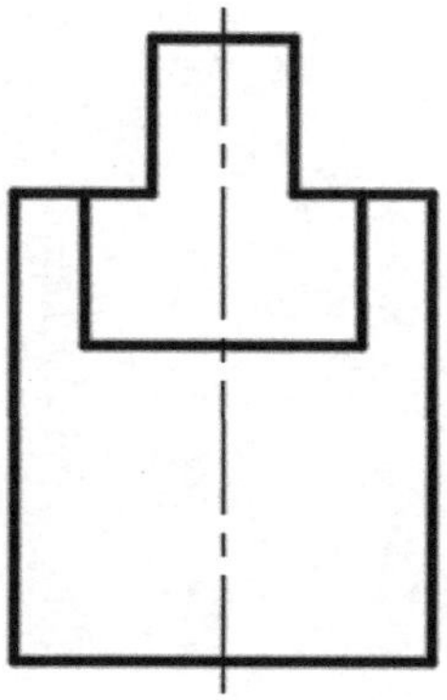

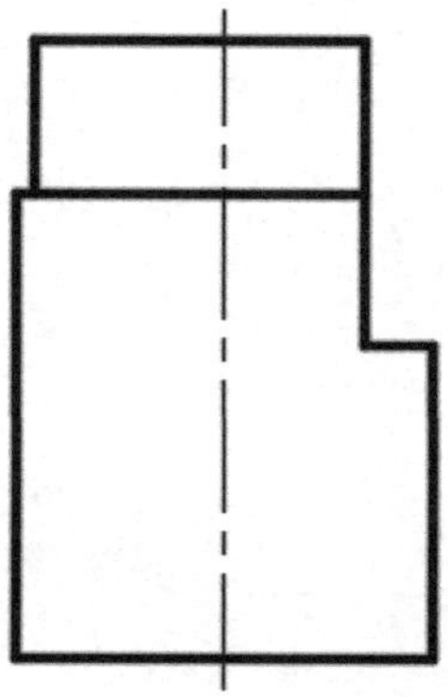

（a）

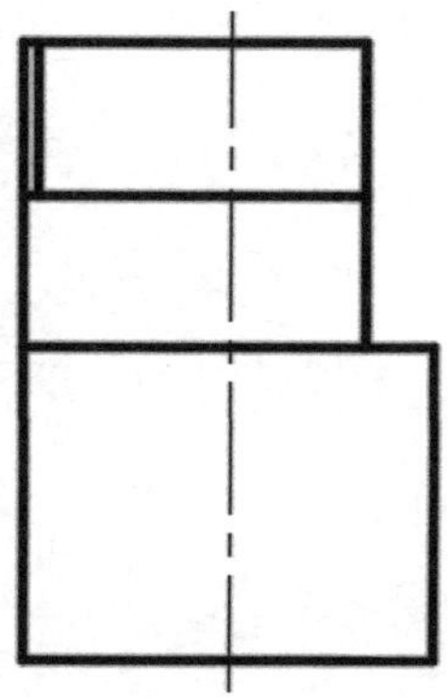

（b）

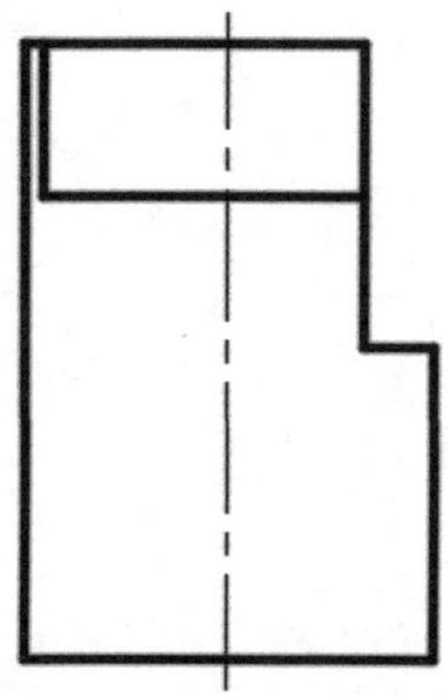

（c）

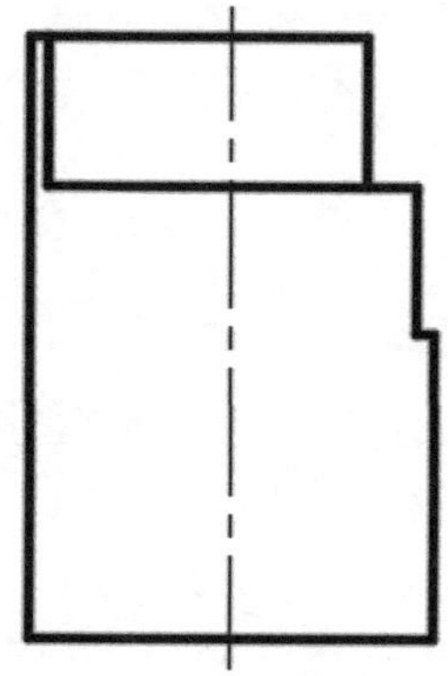

（d）

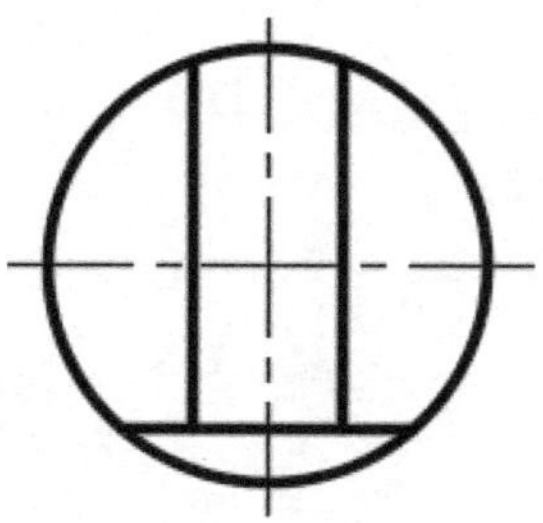

4-5　根据所给的主视图、俯视图，选择正确的左视图（续）。

（2）

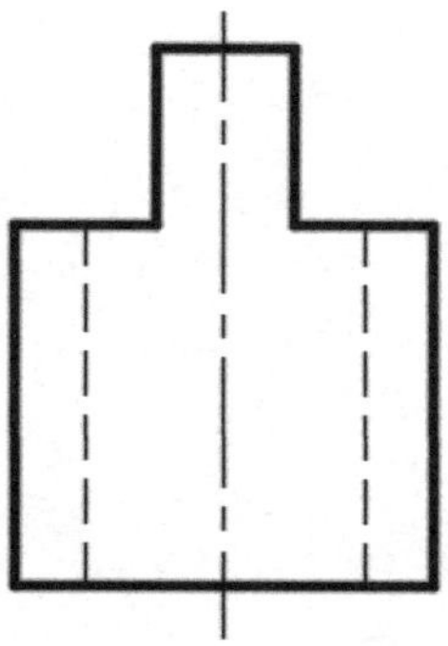

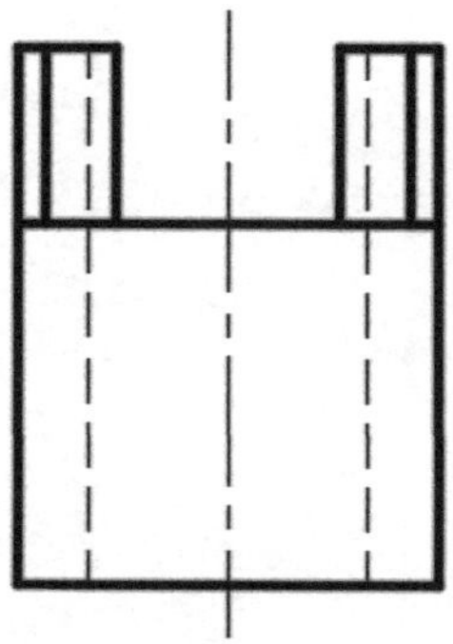

（a）

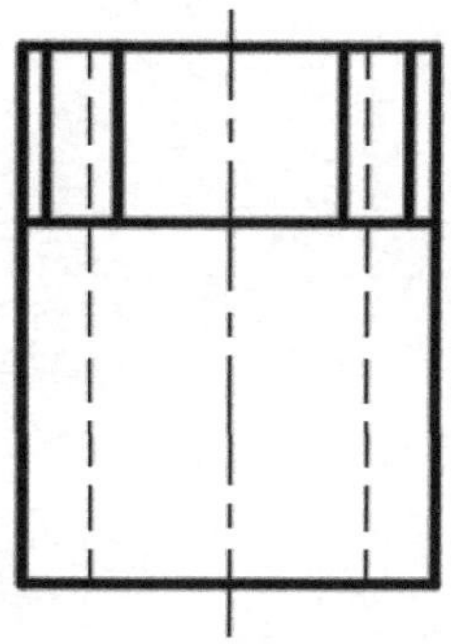

（b）

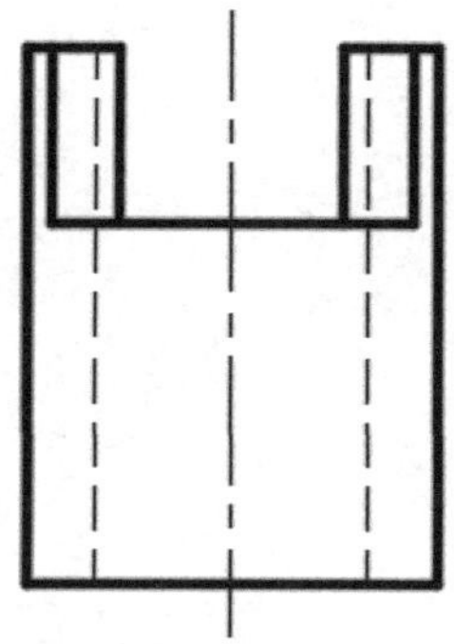

（c）

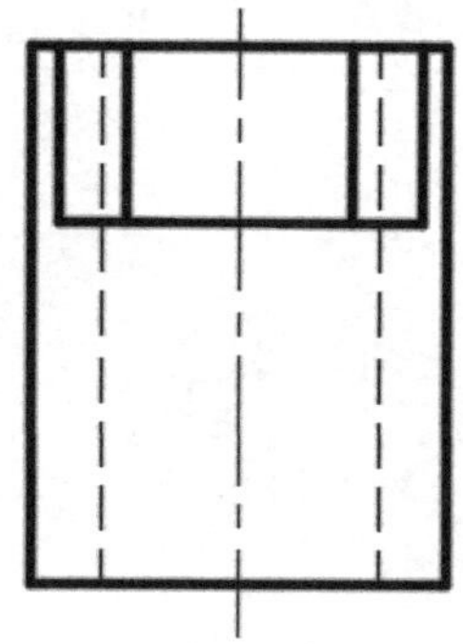

（d）

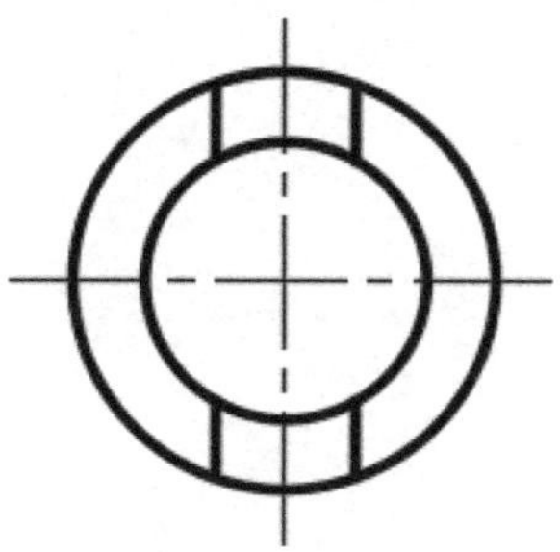

4-6　已知两面投影，求第三面投影。

（1）

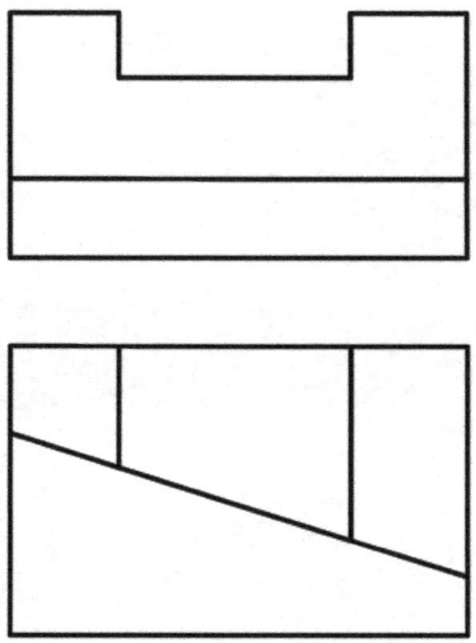

（2）

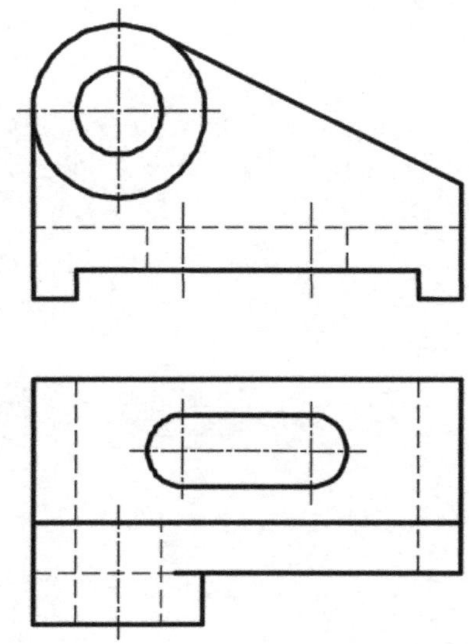

4-6　已知两面投影，求第三面投影（续）。

（3）

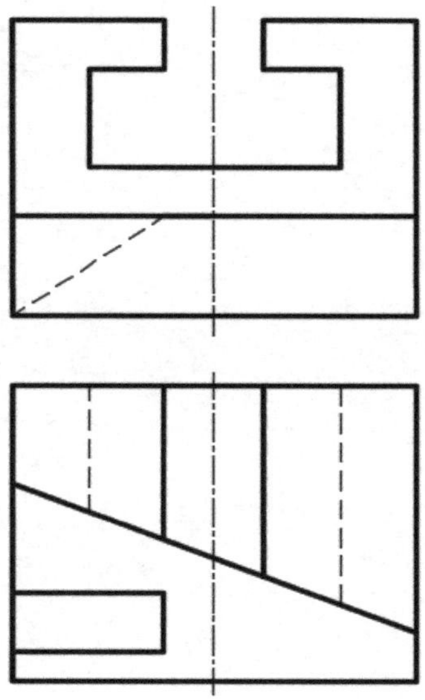

（4）

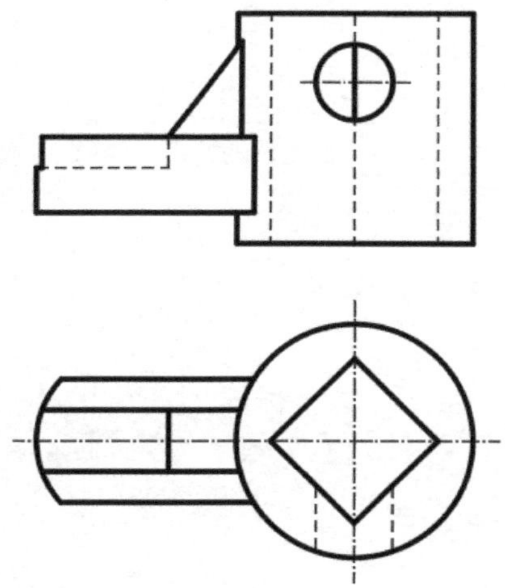

4-6　已知两面投影，求第三面投影（续）。

（5）

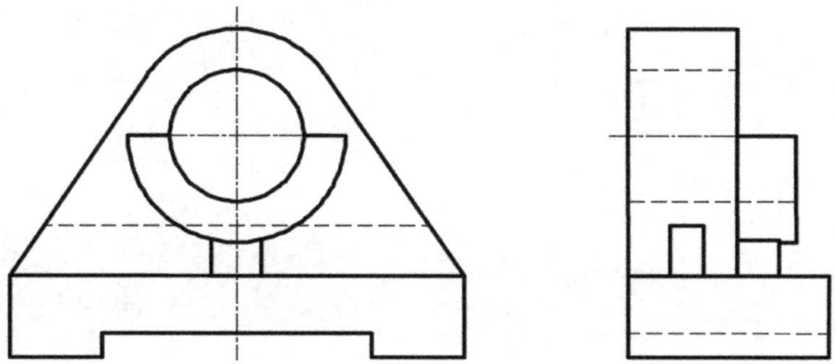

（6）

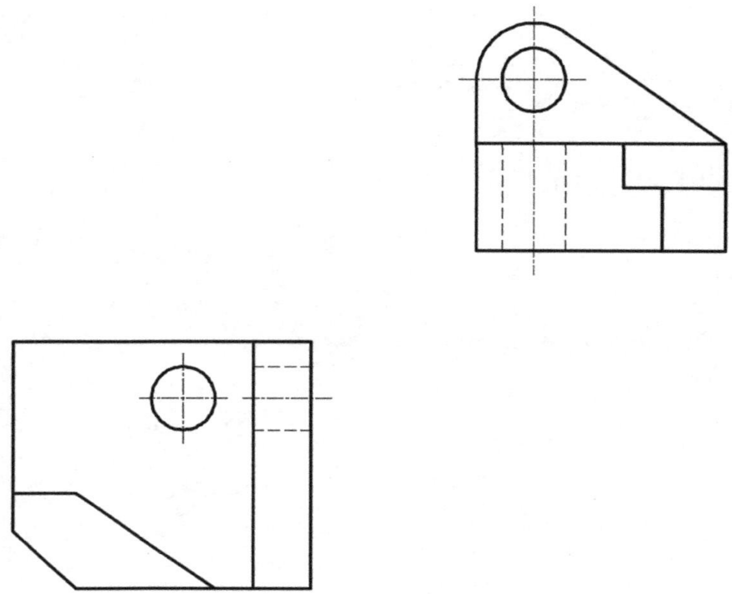

4-6　已知两面投影，求第三面投影（续）。

（7）

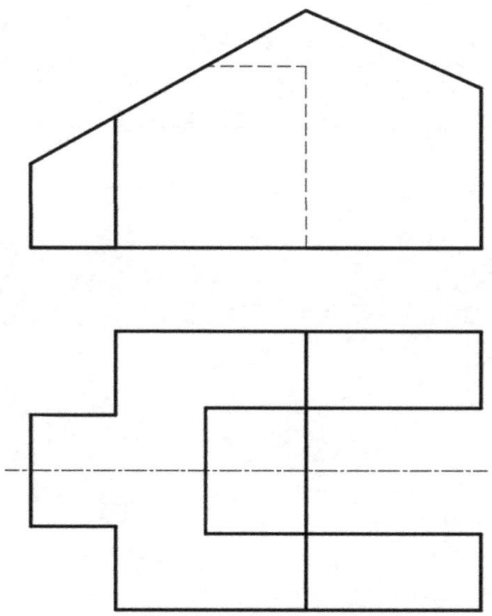

（8）

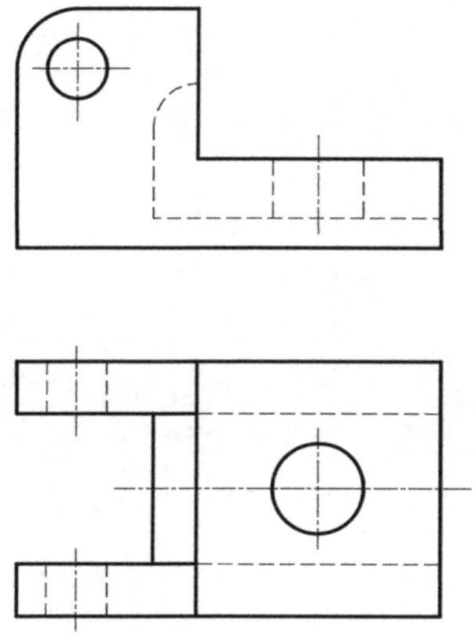

4-7　标注组合体的尺寸（数值按 1:1 的比例从图中量取，并取整数）。

（1）

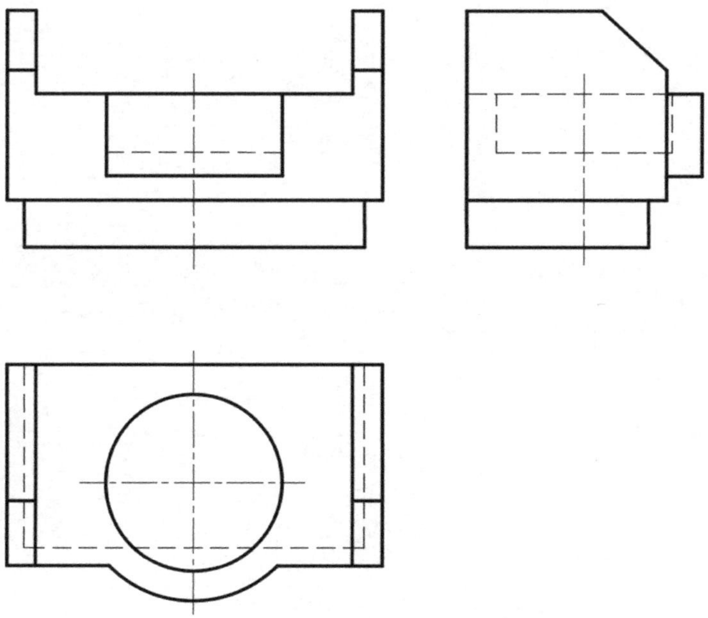

（2）

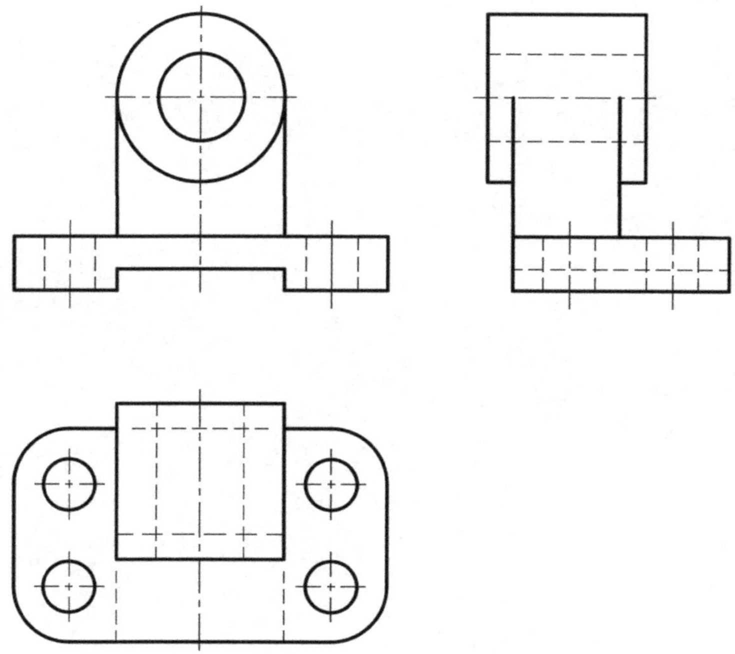

4-7　标注组合体的尺寸（数值按 1:1 的比例从图中量取，并取整数）（续）。

（3）

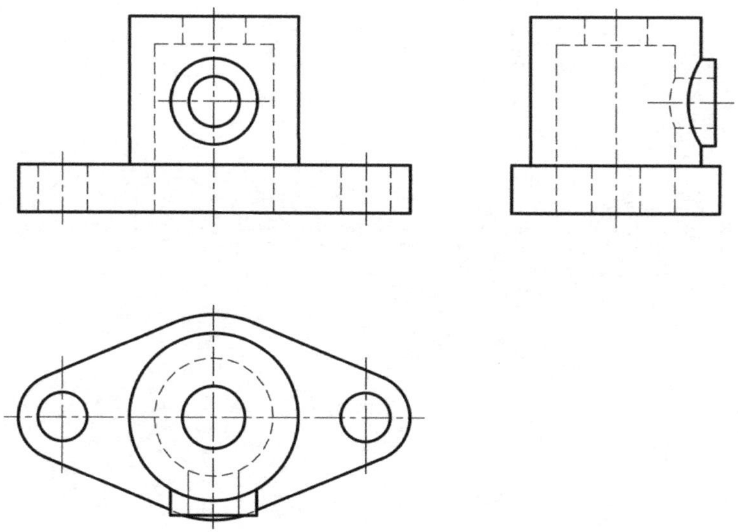

（4）

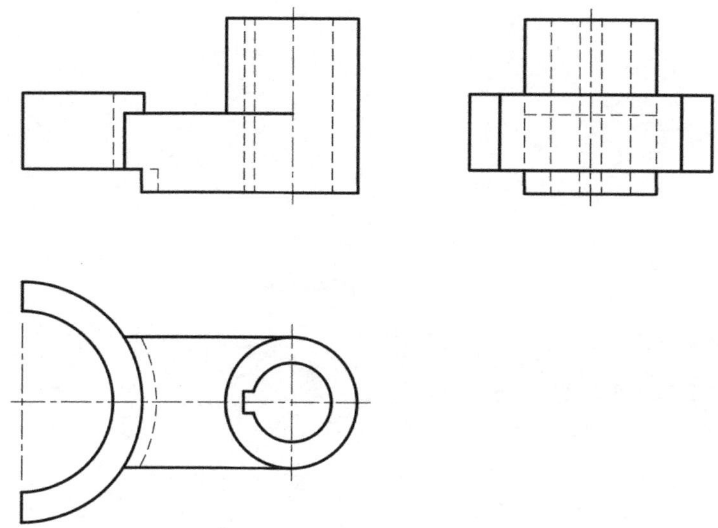

4-8　抄画组合体的已知视图，补画第三视图，并标注尺寸（将组合体三视图用 2∶1 的比例画在白纸上，数值从图中量取，并取整数）。

（1）

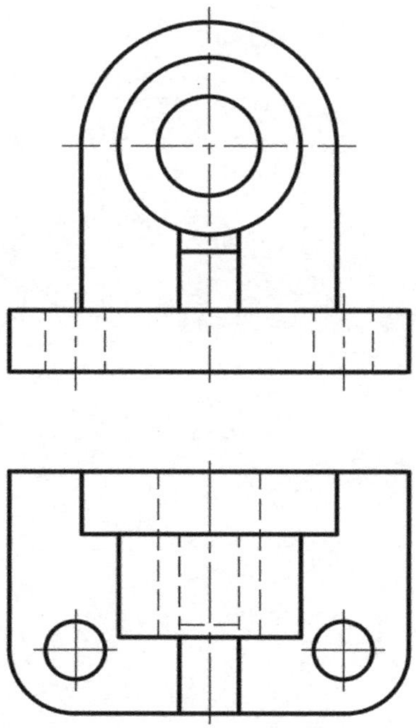

（2）

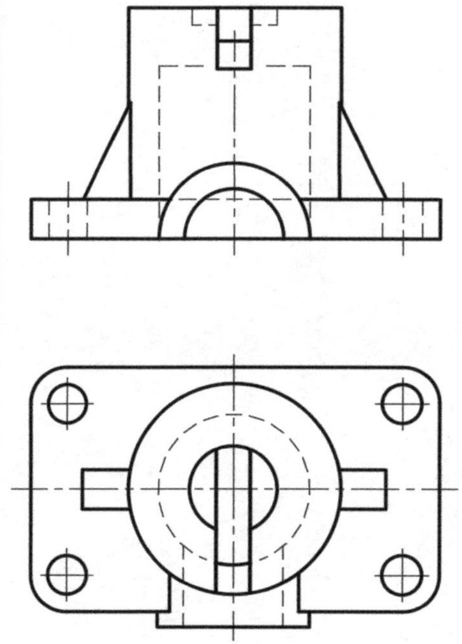

4-8 抄画组合体的已知视图，补画第三视图，并标注尺寸（将组合体三视图用 2:1 的比例画在白纸上，数值从图中量取，并取整数）(续)。

(3)

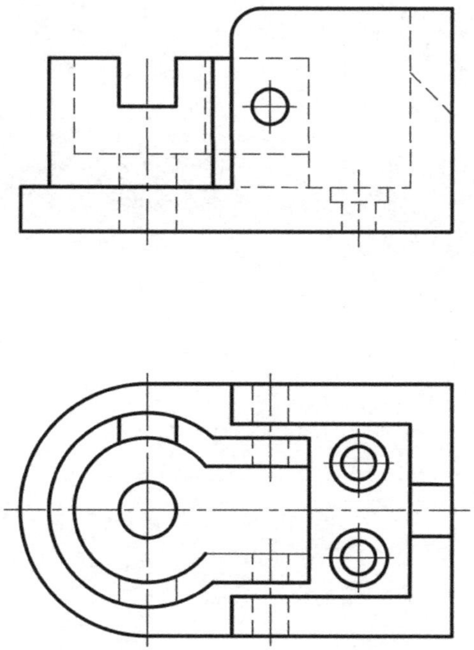

(4)

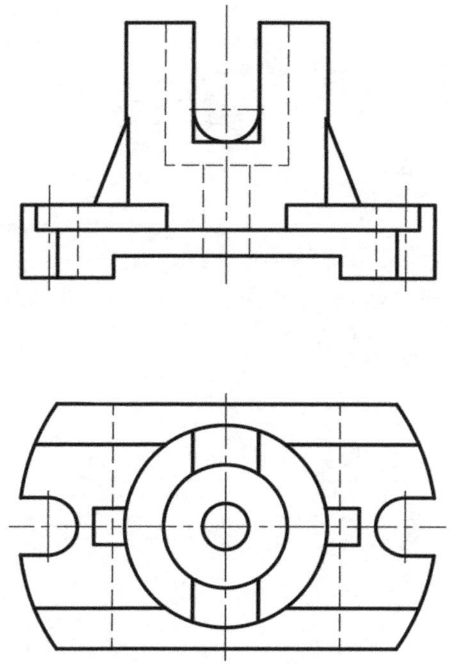

5-1　根据视图画出正等轴测图。

(1)

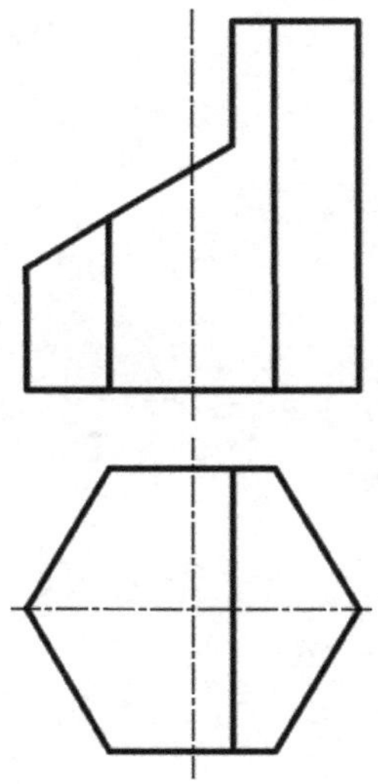

(2)

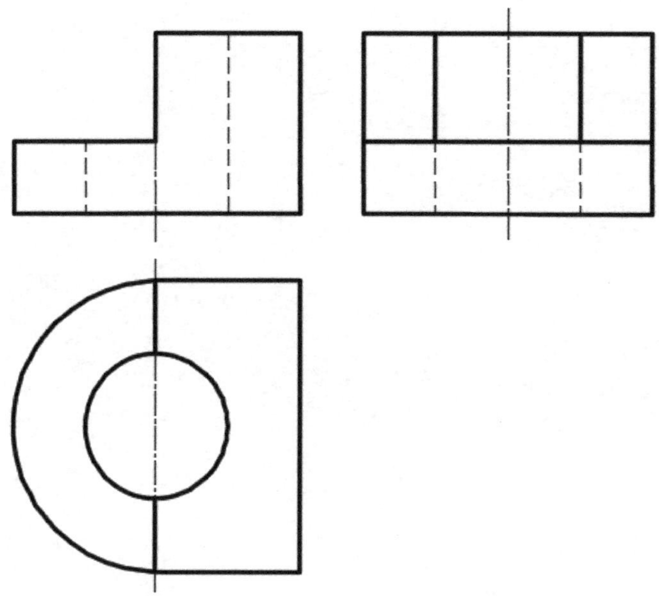

5-1　根据视图画出正等轴测图（续）。

（3）

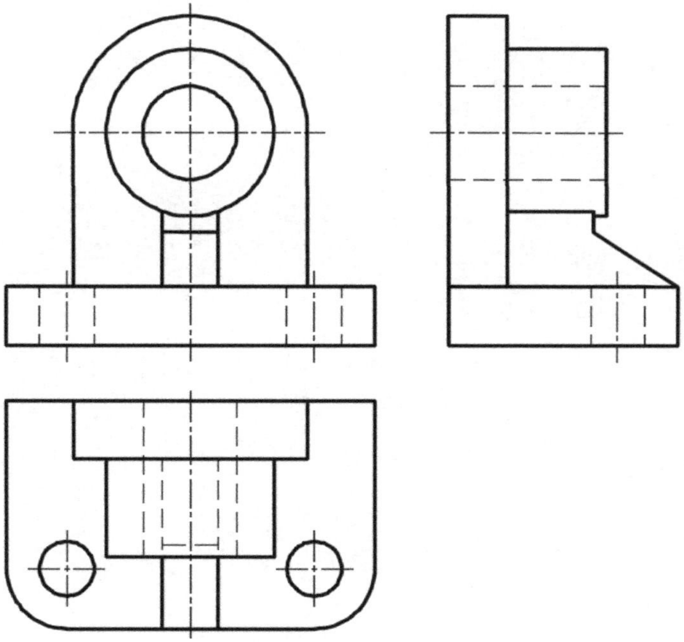

（4）

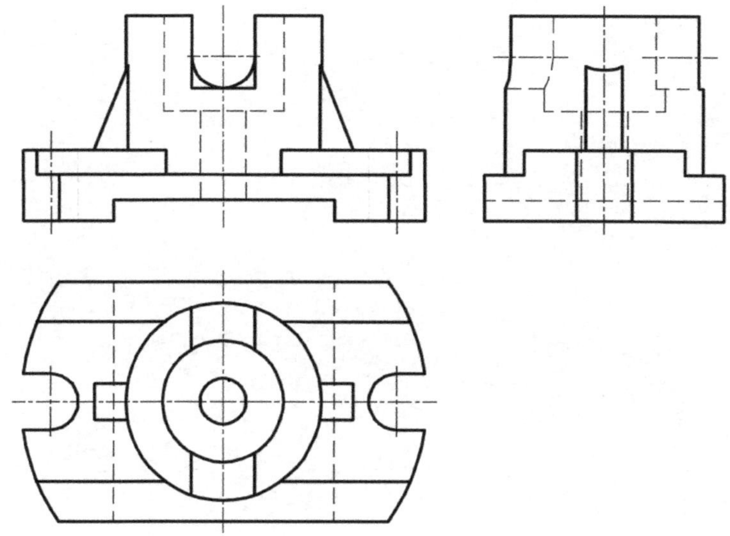

5-2　根据视图画出斜二等轴测图。

(1)

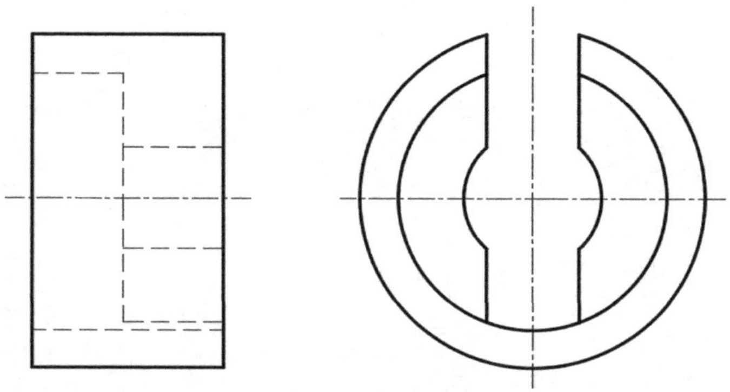

(2)

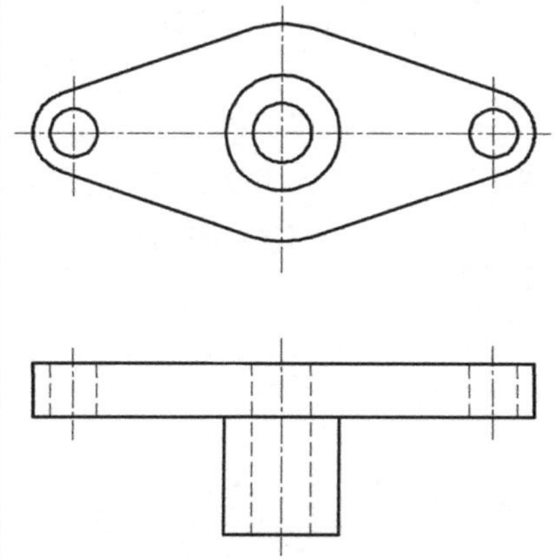

5-3　根据已给视图补画第三视图，并绘制斜二等轴测图。	5-4　根据主视图和俯视图，绘制四分之一剖切后的正等轴测图。
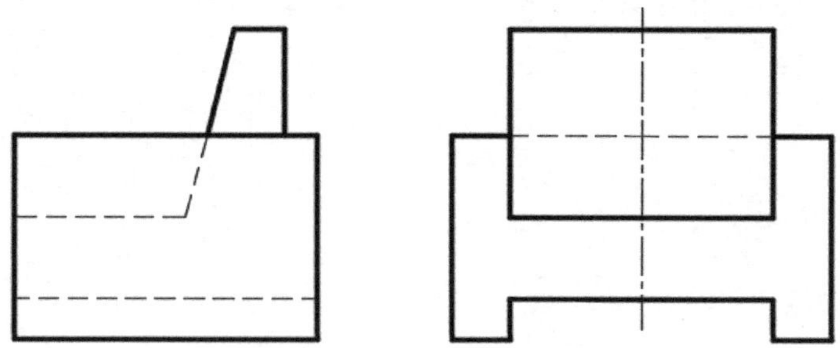	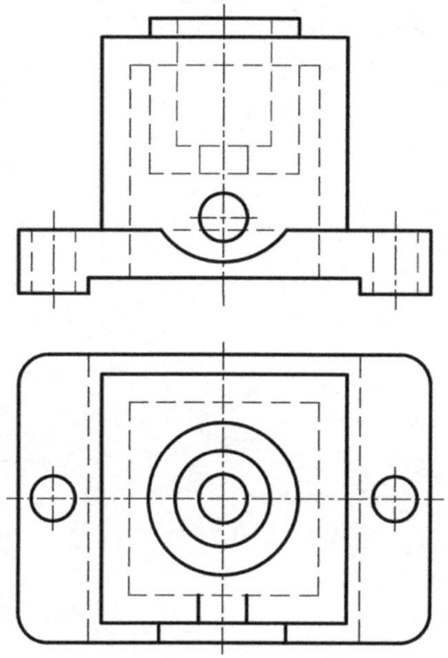

6-1　根据机件的三视图，补画出机件的右视图、仰视图和后视图。

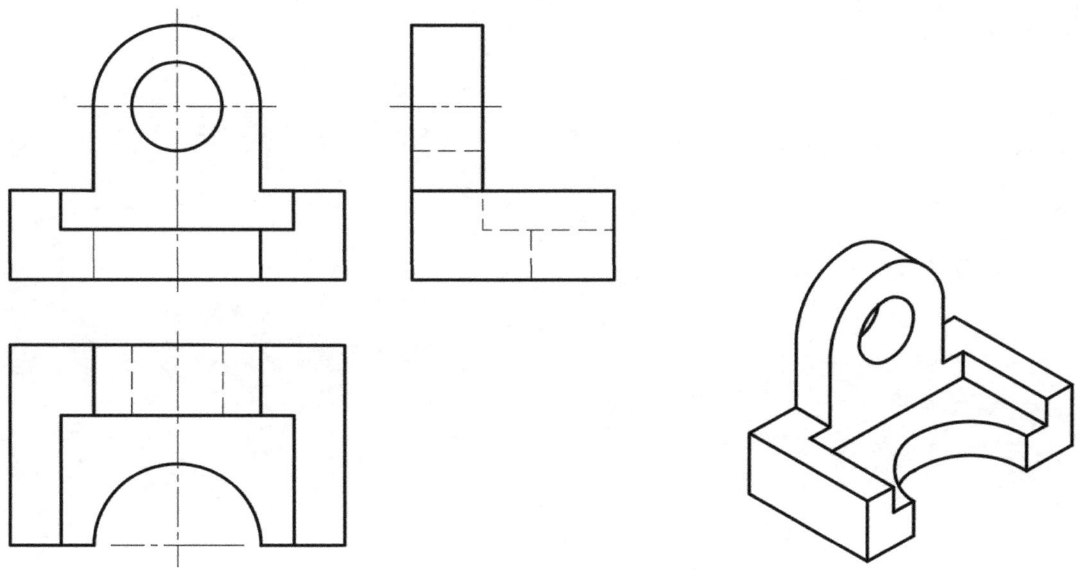

6-2　根据已知视图画出 *A* 向局部视图和 *B* 向视图。

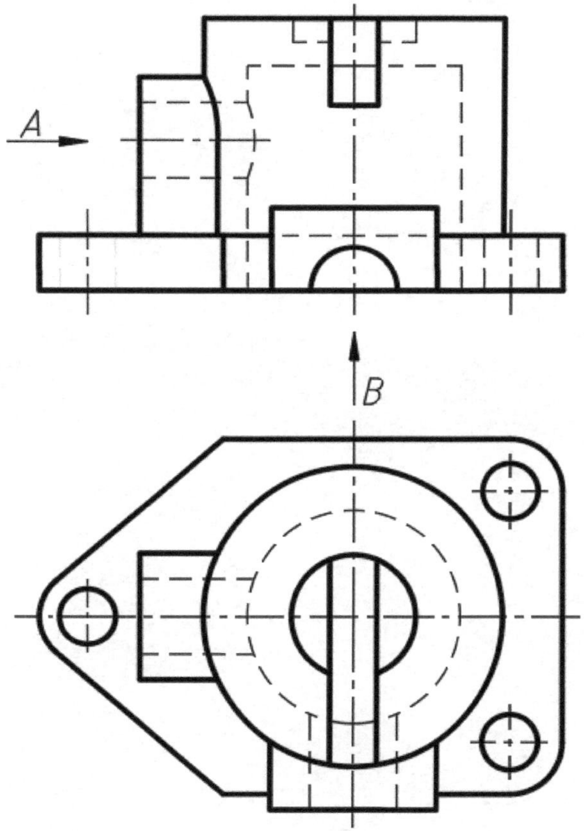

6-3　补全视图中漏画的图线。

（1）

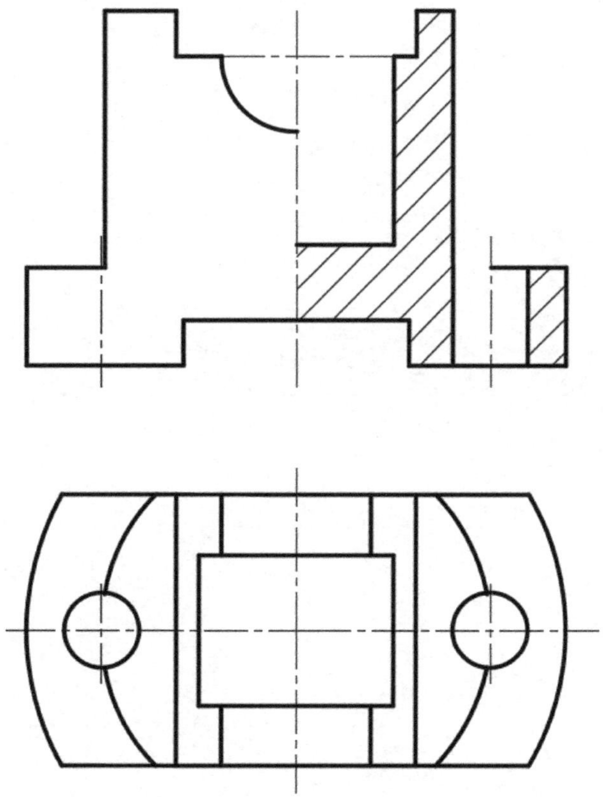

（2）

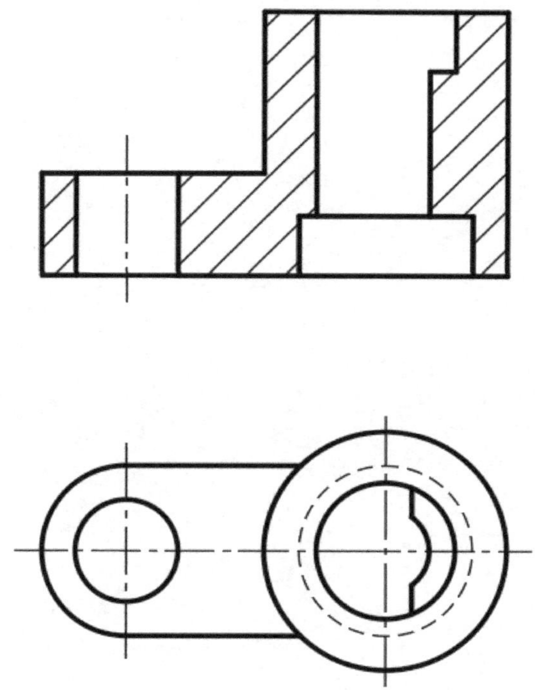

6-3　补全视图中漏画的图线（续）。

（3）

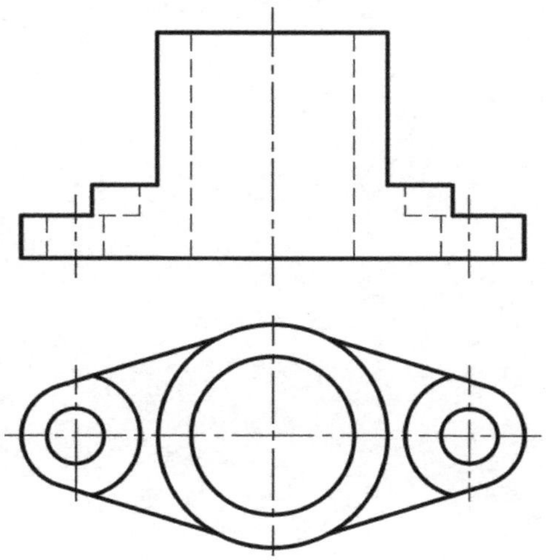

（4）

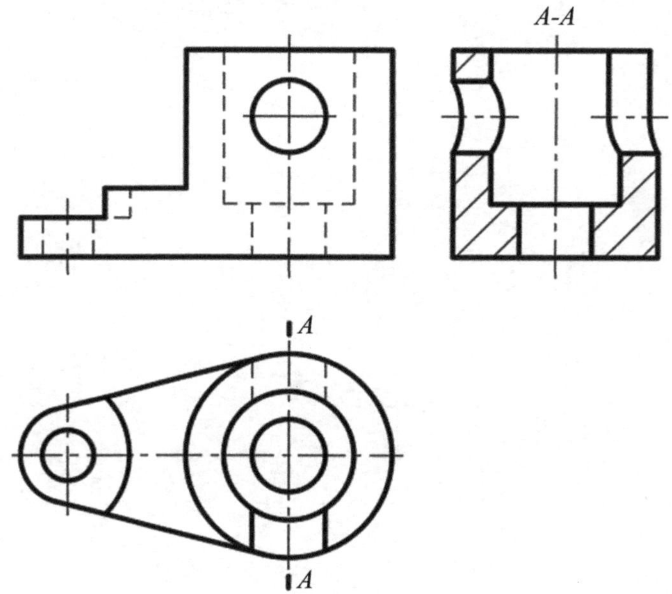

6-3　补全视图中漏画的图线（续）。

（5）

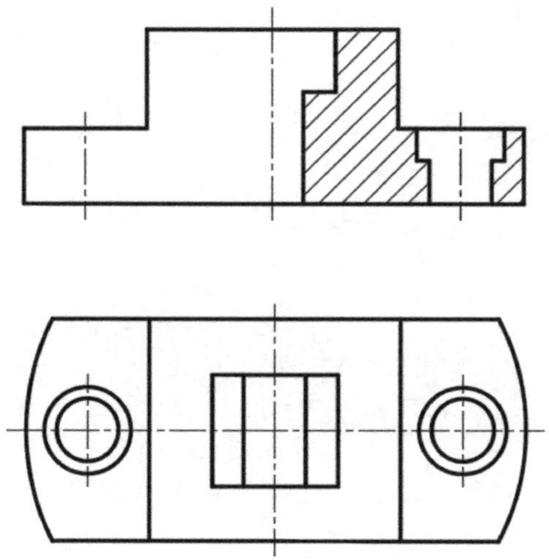

（6）

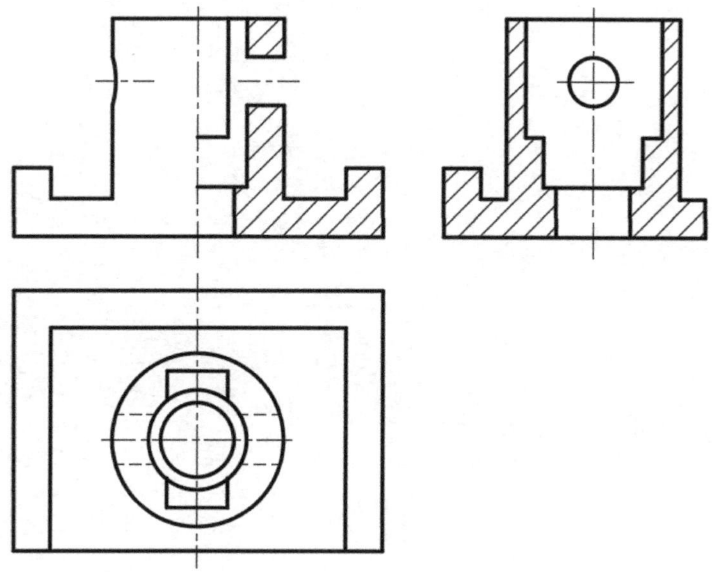

6-4　根据已知视图，将主视图改画成全剖视图（另纸）。

（1）

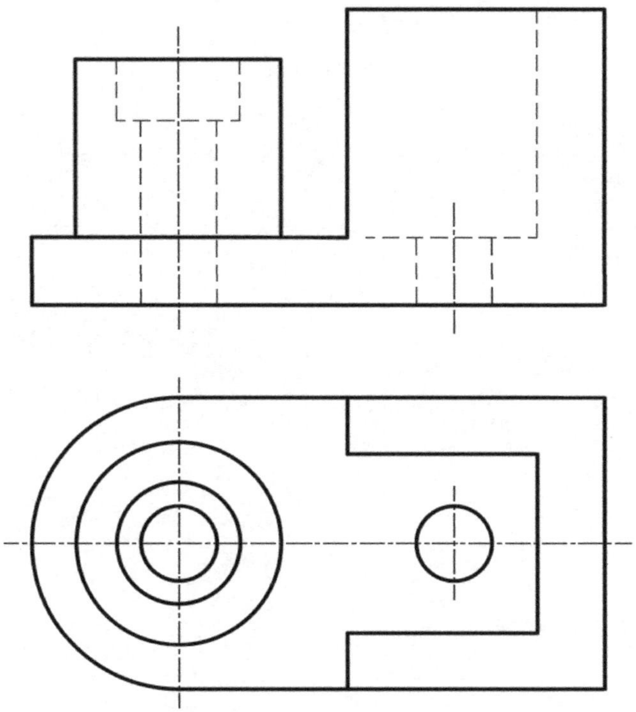

（2）

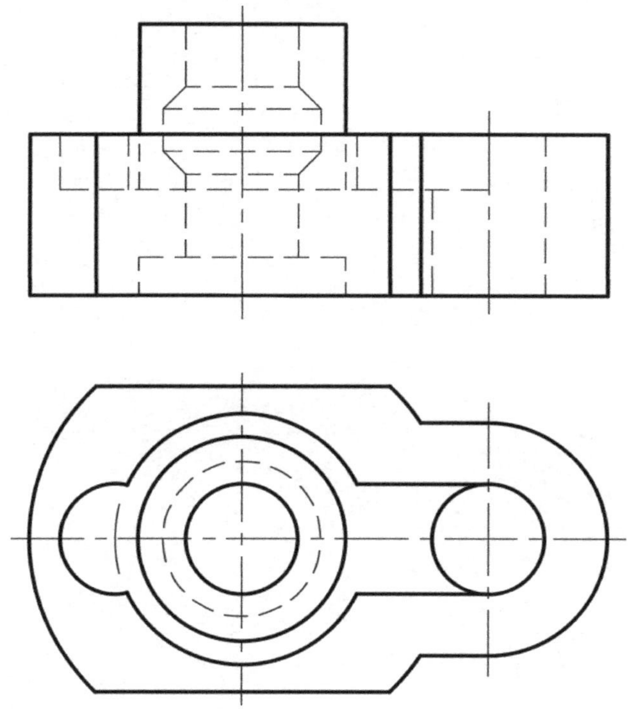

6-5　将已知视图改画成局部剖视图（另纸）。

(1)	(2)
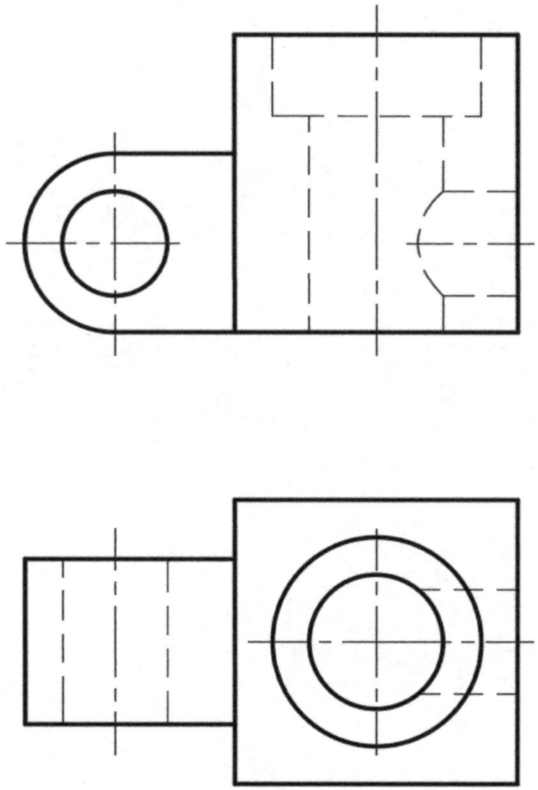	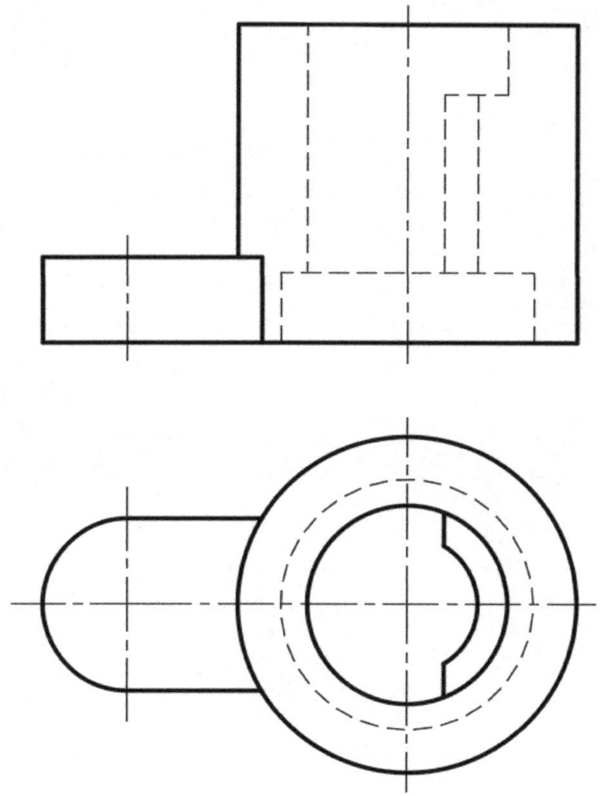

6-6　下列四组移出断面图中，正确的一组是（　　）。

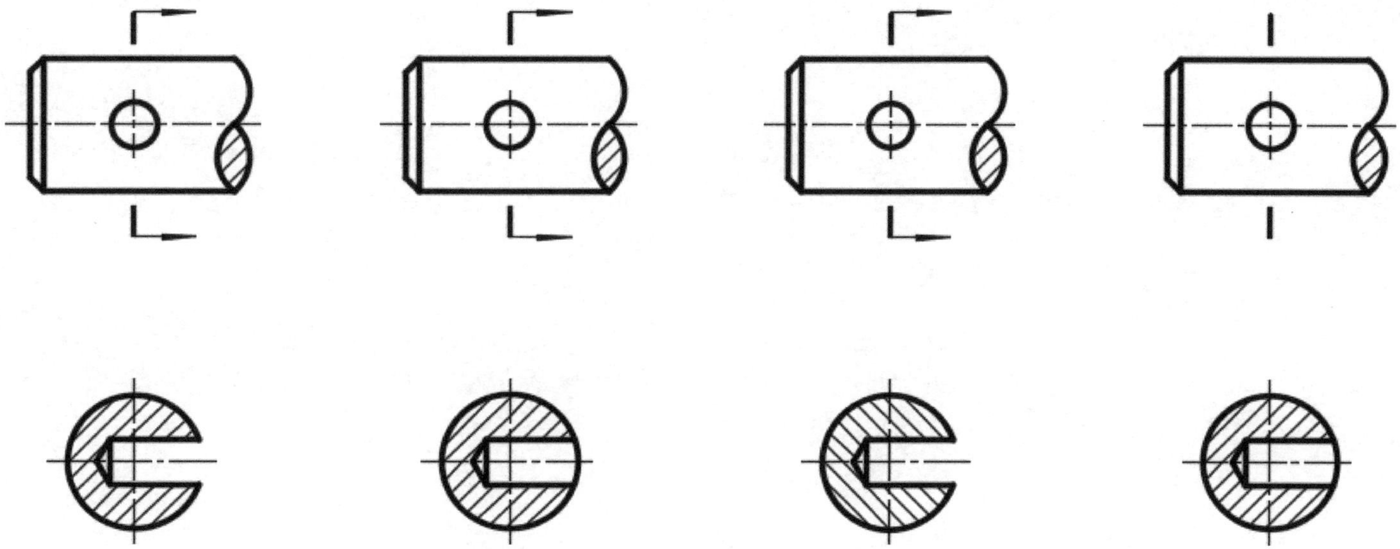

（a）　　（b）　　（c）　　（d）

6-7　根据主视图和俯视图，选择正确的右视图（　　）。

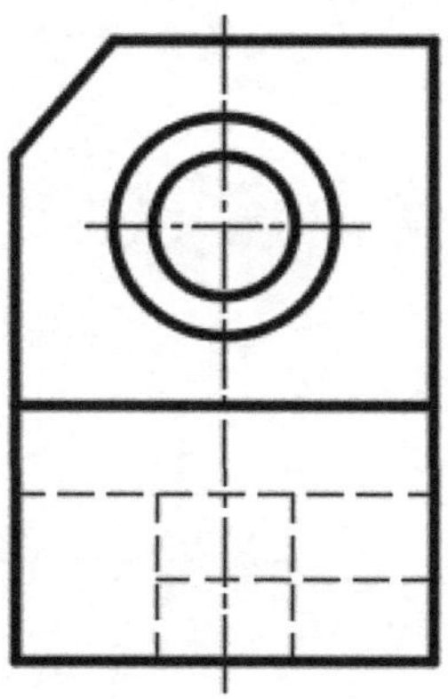

（a）

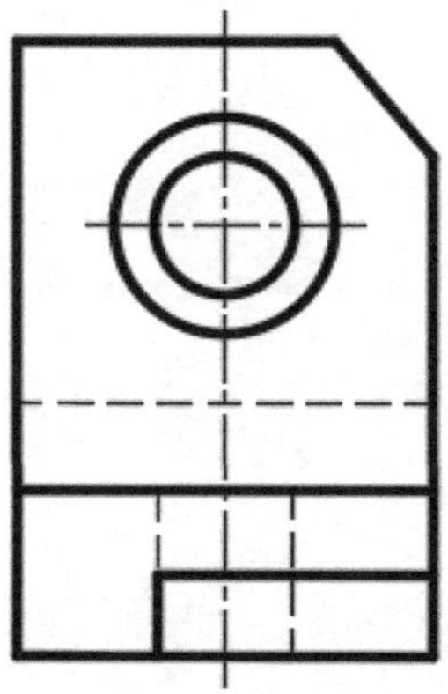

（b）

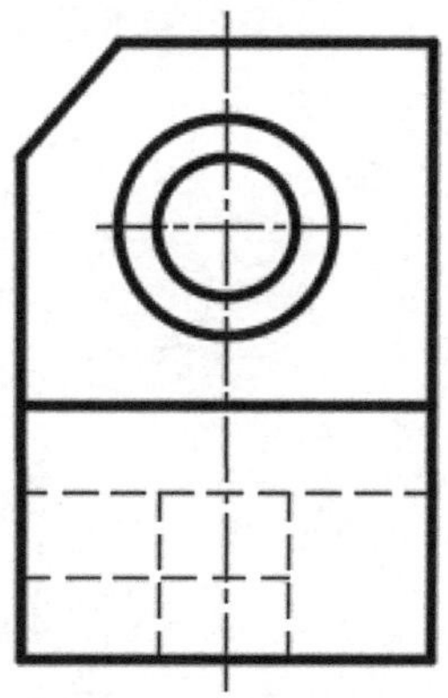

（c）

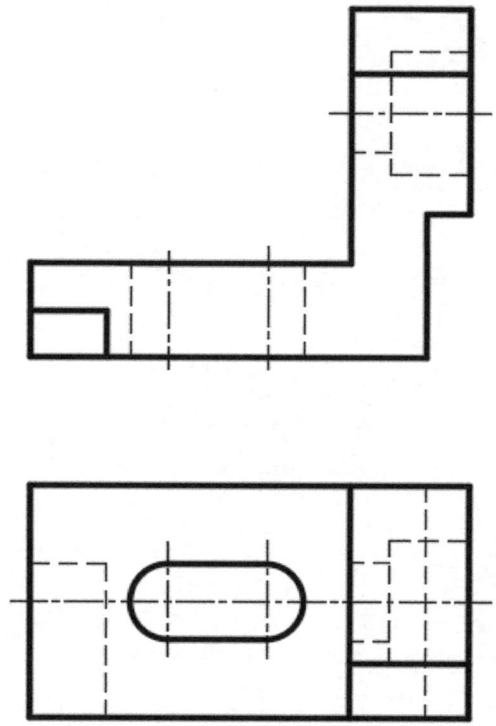

6-8　根据已知视图，选择正确的向视图（　　）。

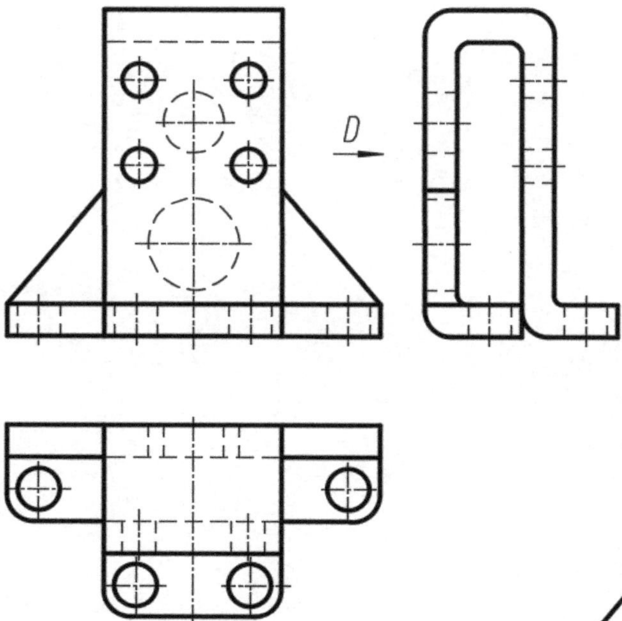

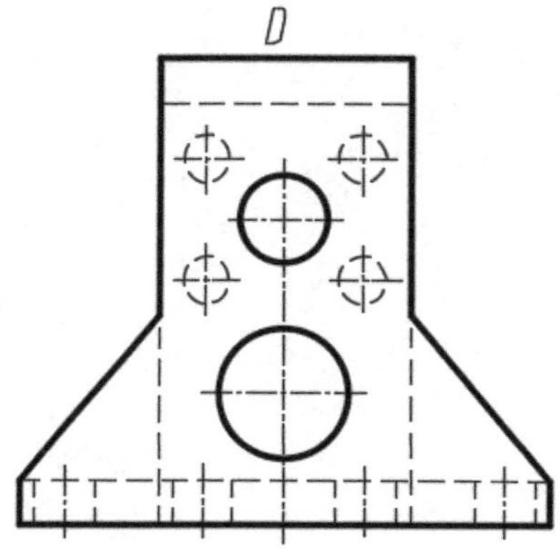

（a）

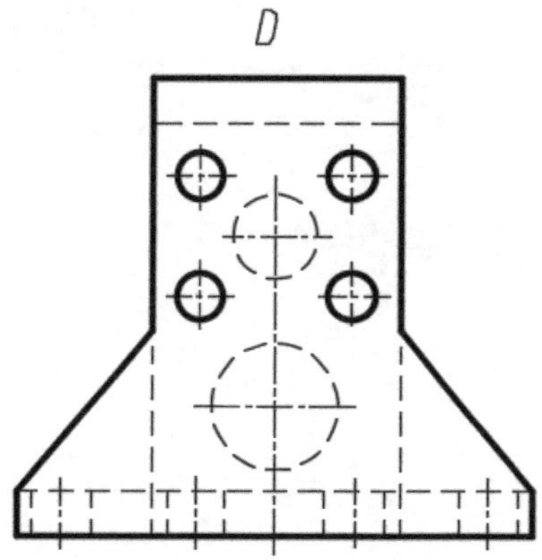

（b）

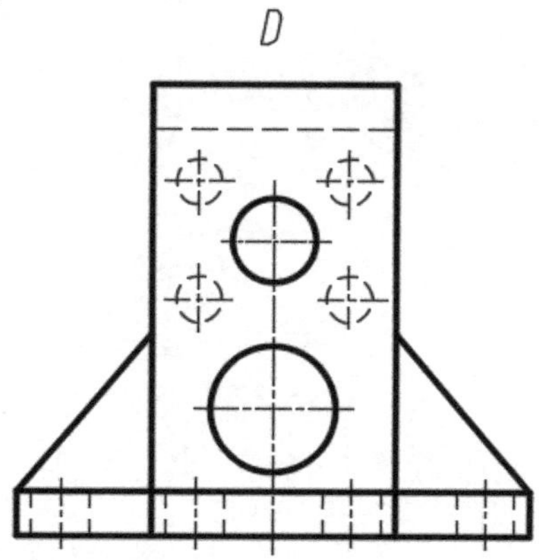

（c）

6-9　根据已知视图，选择一组不正确的斜视图（　　）。

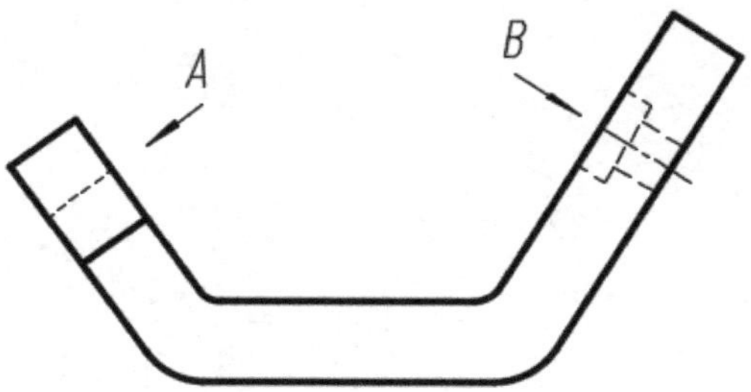

（a）

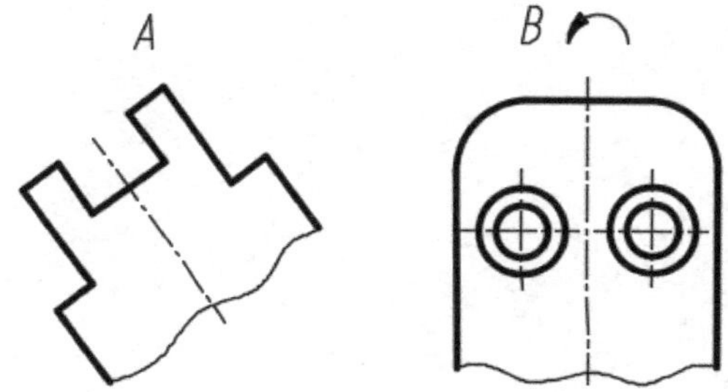

（b）

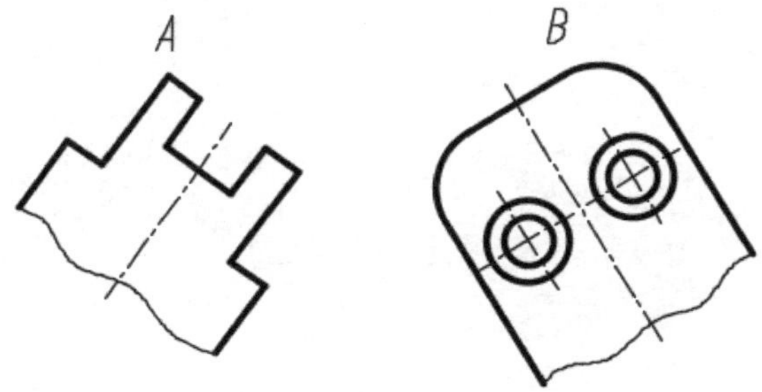

（c）

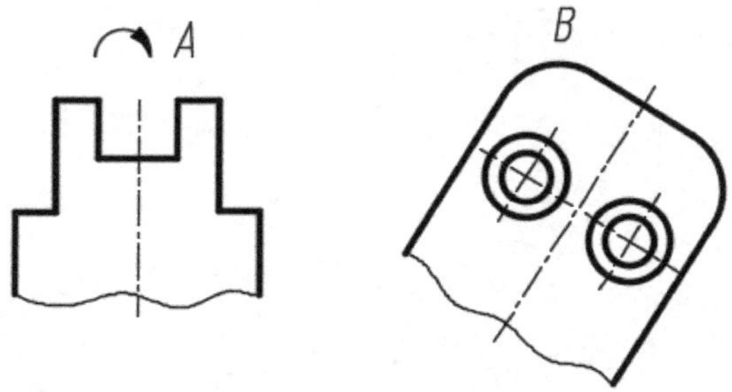

6-10　已知俯视图，补全主视图中所缺的图线，并绘制左视图的半剖视图。

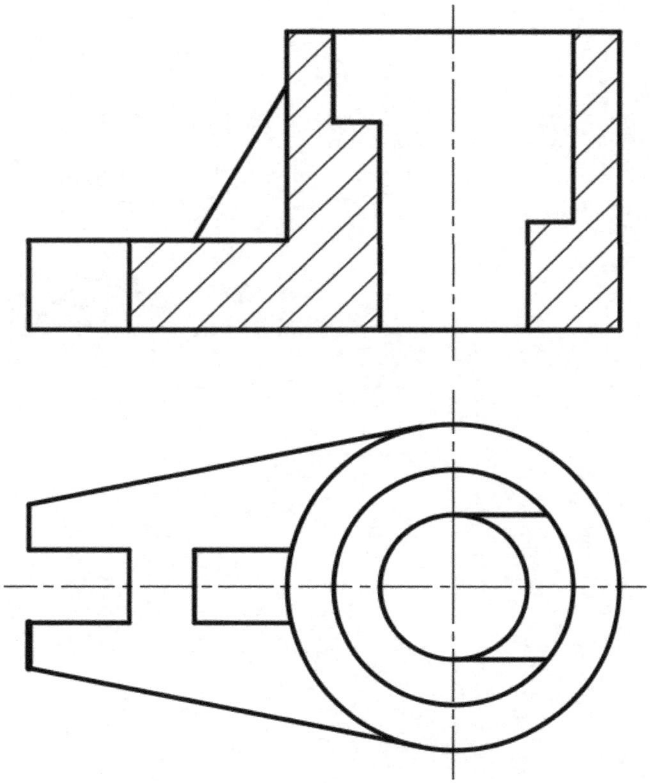

6-11　已知俯视图，画出半剖视的主视图和左视图。

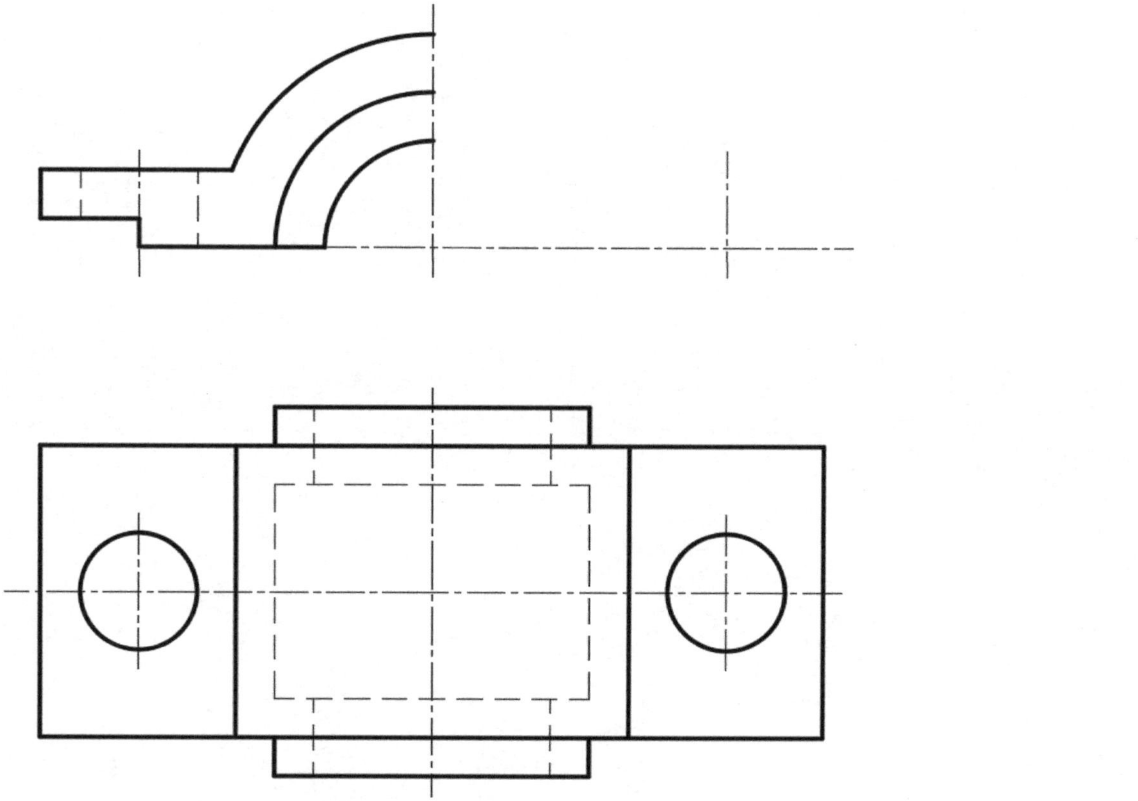

6-12　已知俯视图和 A 向视图，绘制主视图。

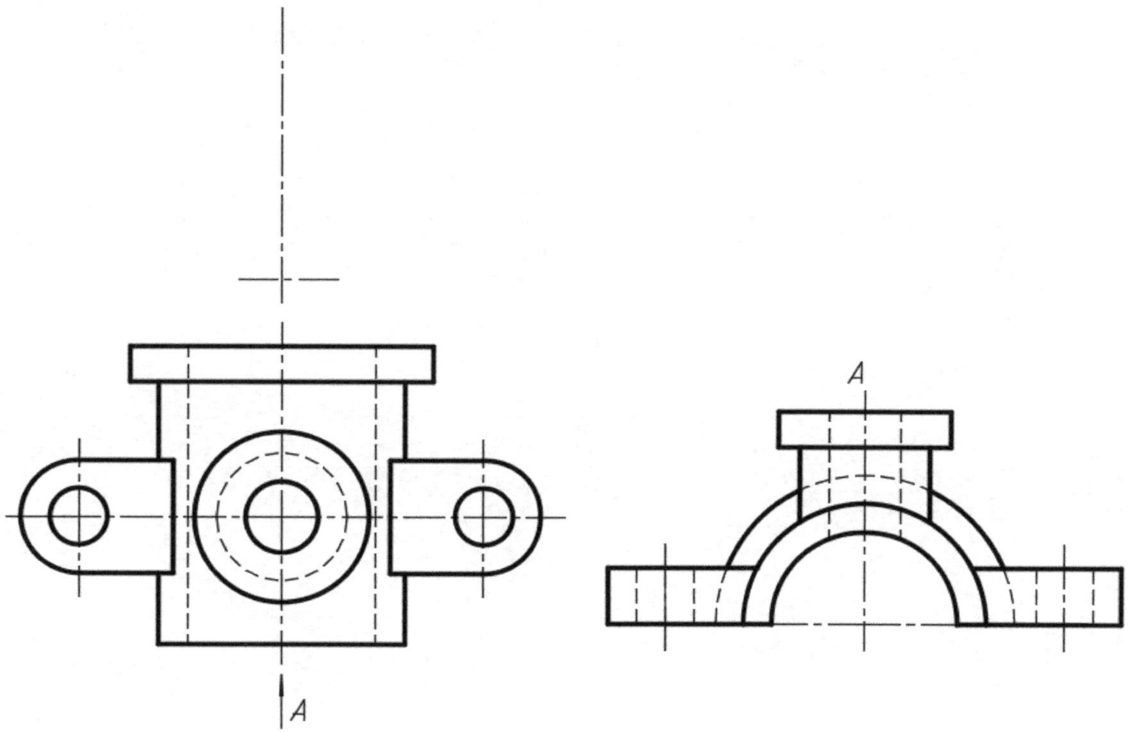

6-13　已知主视图和俯视图，将左视图绘制成 *A-A* 全剖视图。	6-14　已知主视图和俯视图，将左视图绘制成 *A-A* 半剖视图。
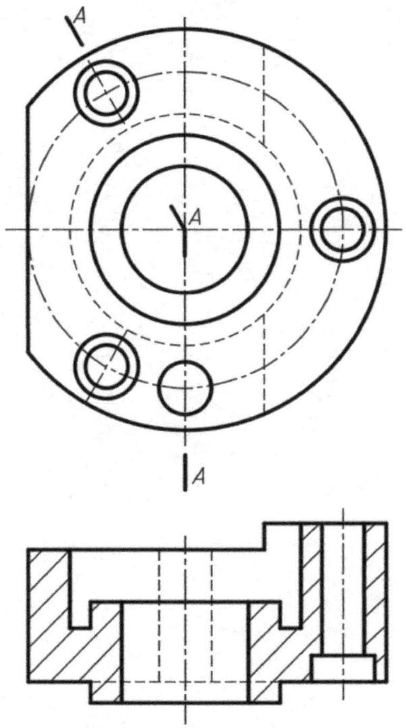	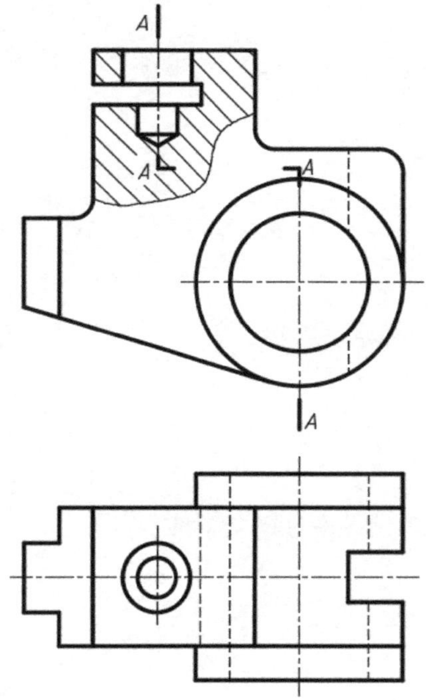

6-15　已知俯视图和 *A-A* 剖视图，将主视图绘制成 *B-B* 全剖视图。

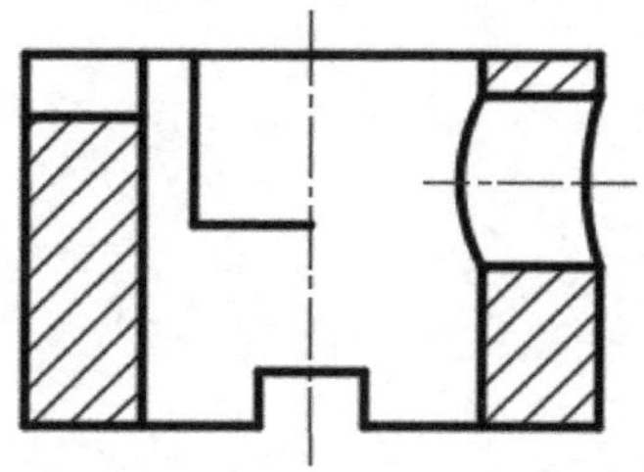

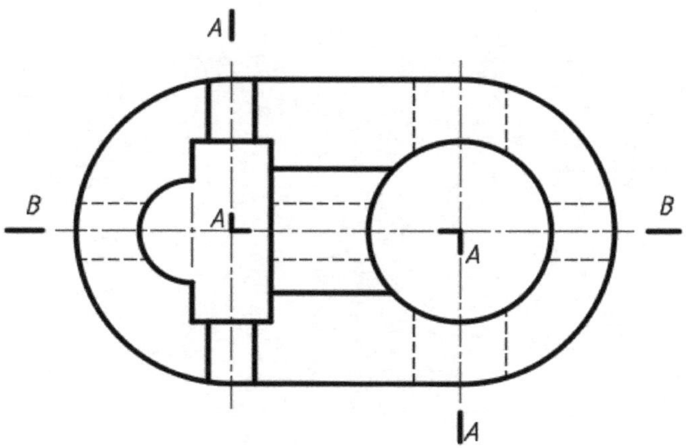

6-16　根据已知视图，将俯视图画成 *B-B* 半剖视图，将左视图画成全剖视图。

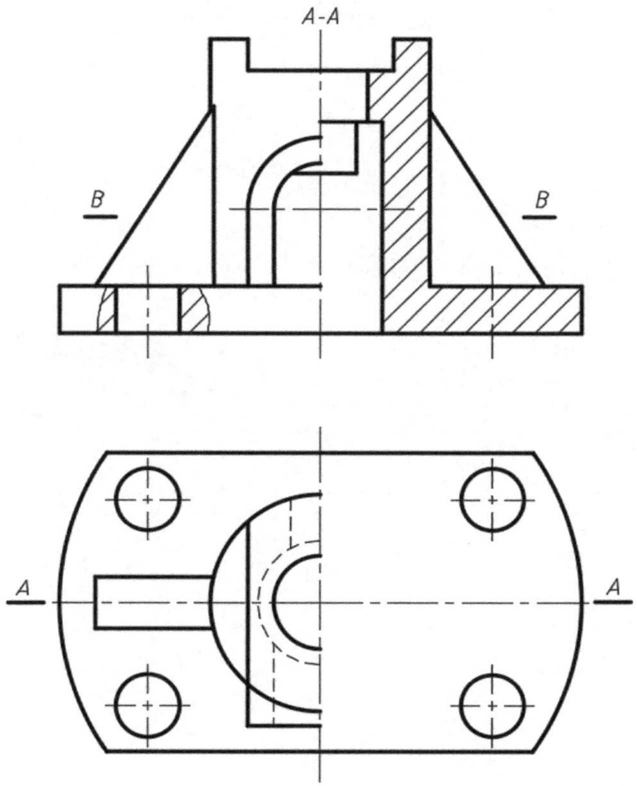

6-17　根据已知视图，将左视图绘制成全剖视图。

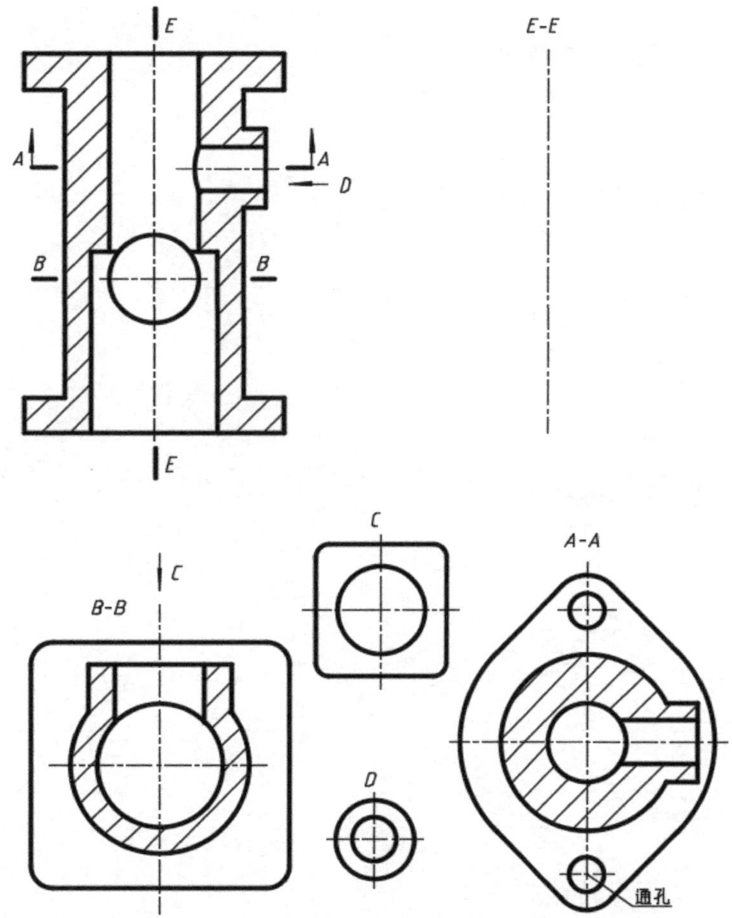

6-18　已知俯视图和左视图，将主视图绘制成 *A-A* 全剖视图，并在指定位置绘制出 *B-B* 断面图。

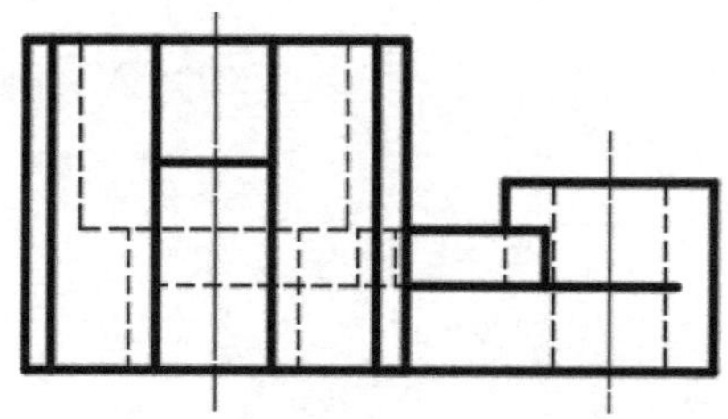

B-B

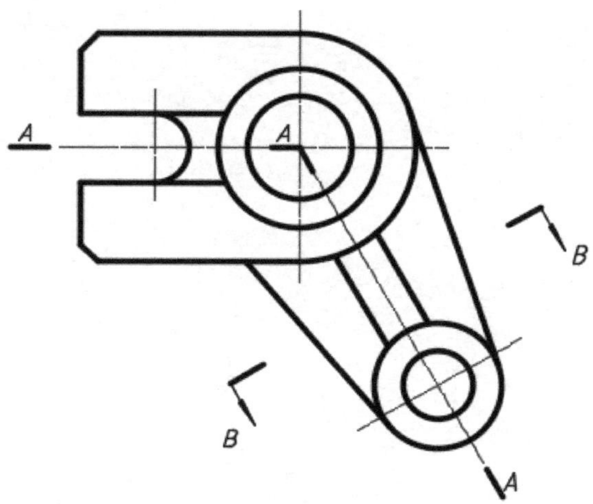

6-18　已知俯视图和左视图，将主视图绘制成 *A-A* 全剖视图，并在指定位置绘制出 *B-B* 断面图（续）。

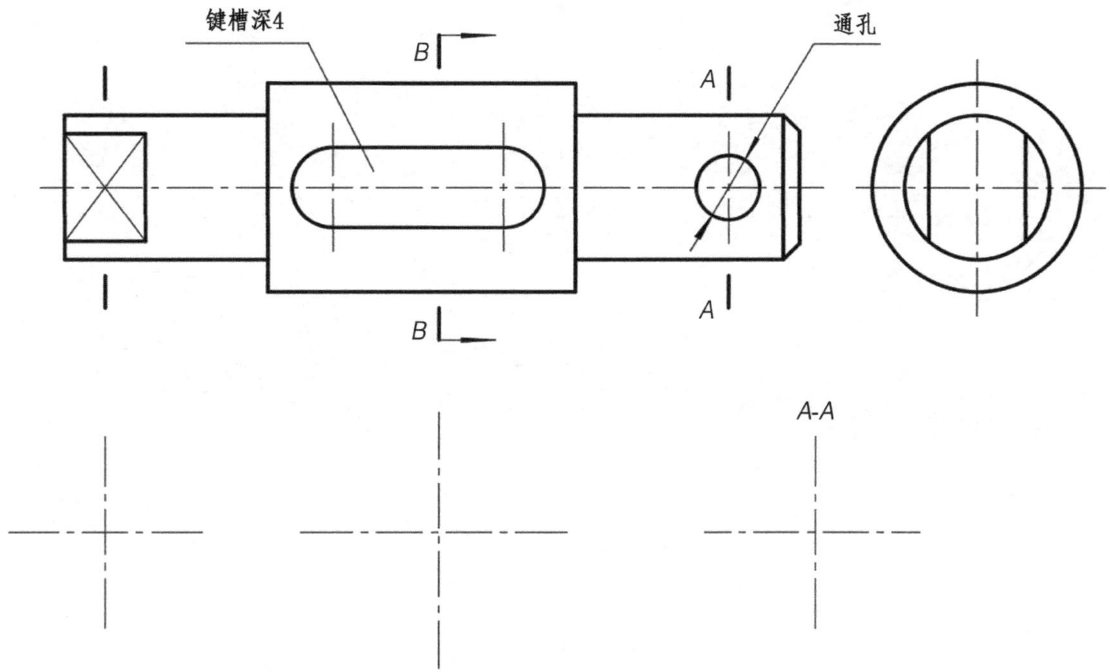

6-19　将主视图改为恰当的局部剖视图，作 *K* 向视图、*A-A* 断面图、*B-B* 断面图，键槽深 2mm。

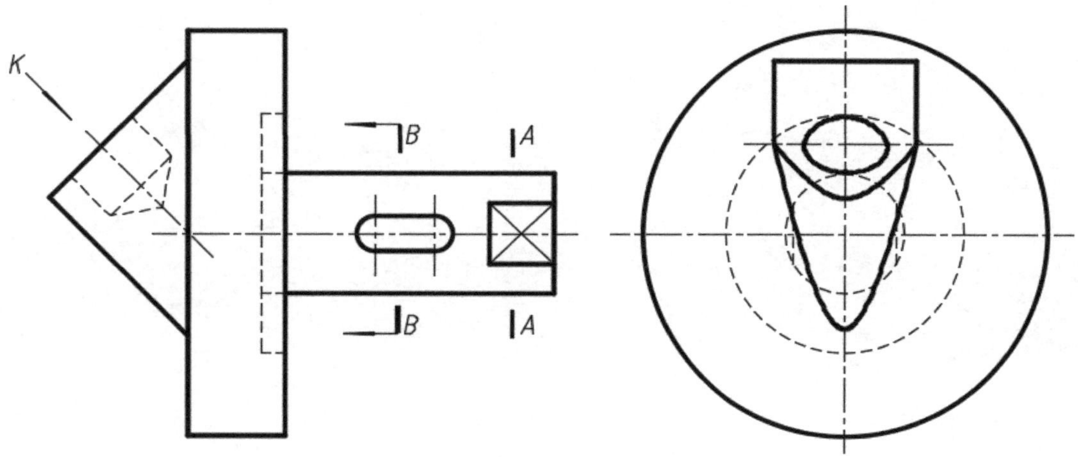

6-20　分别将主视图中波浪线的左侧和左视图中波浪线的右侧画成局部剖视图，并补全两视图中缺少的图线。

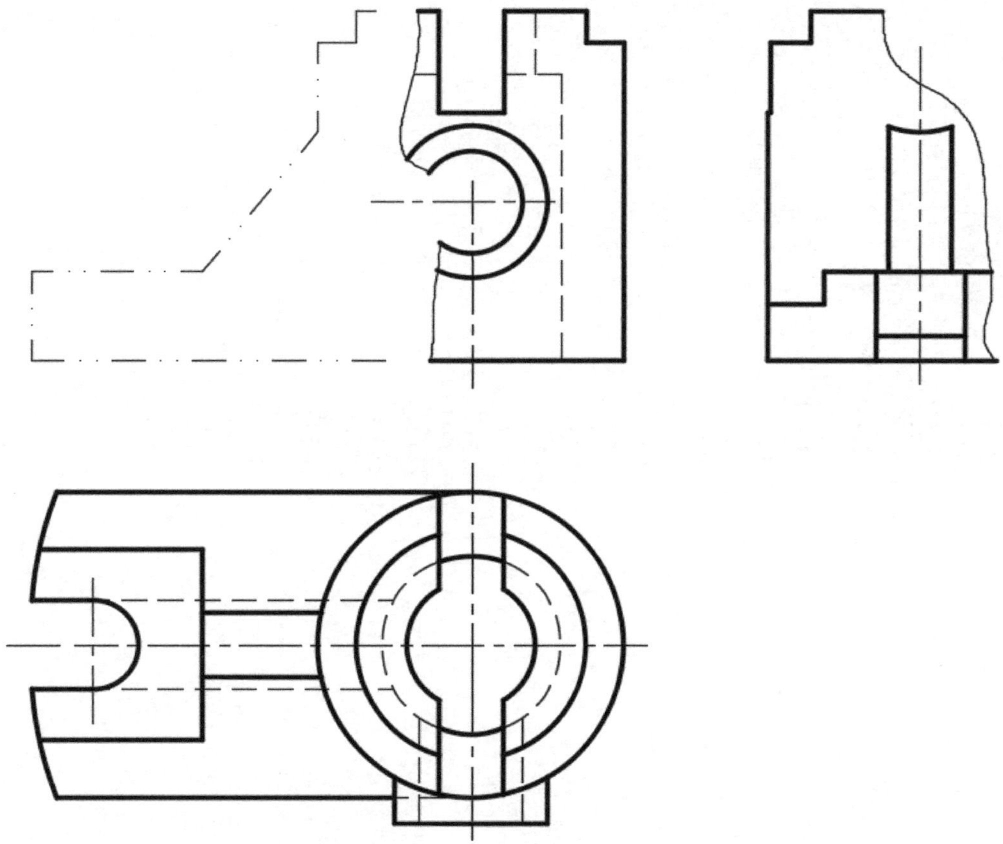

7-1　判断下列螺纹画法的正误，在正确图形的下方括号内打“√”。

（1）

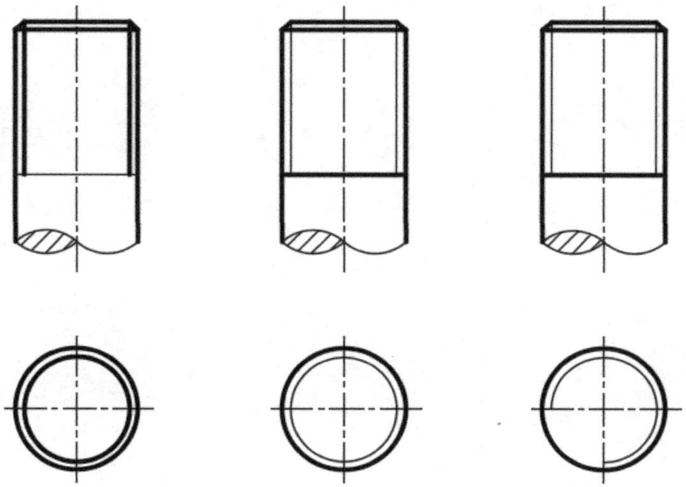

（　）　（　）　（　）

（2）

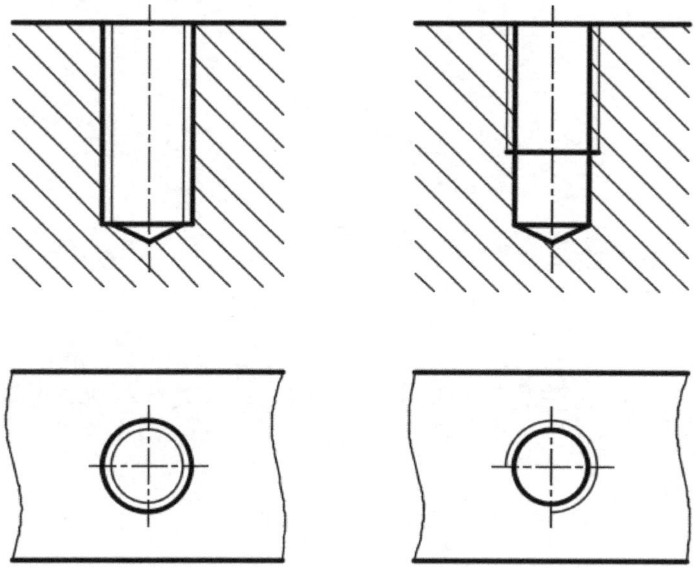

（　）　（　）

7-2　判断下列螺纹标注的正误，并在正确图形的下方括号内打“√”。

(1)

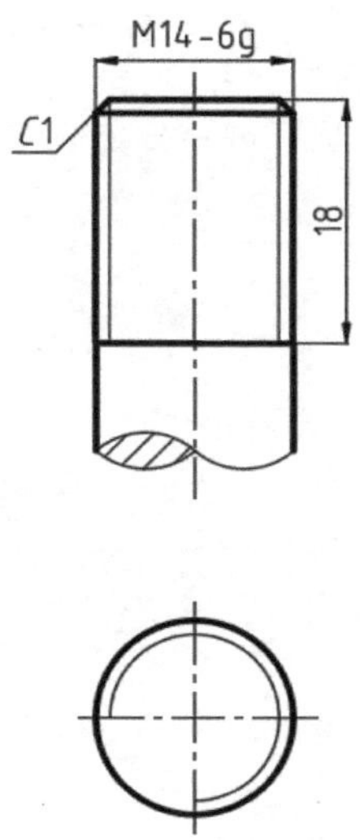

(　　)

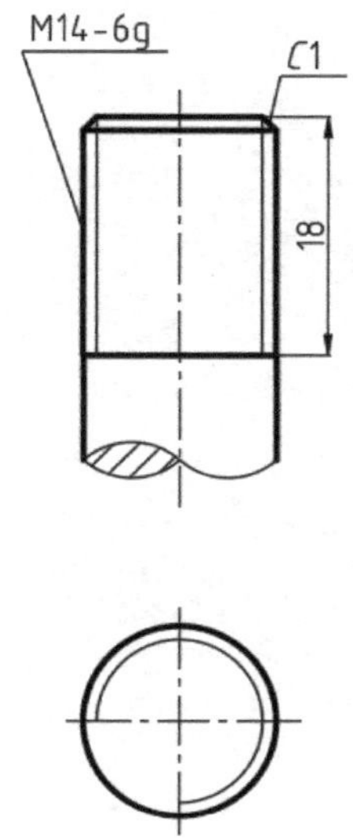

(　　)

(2)

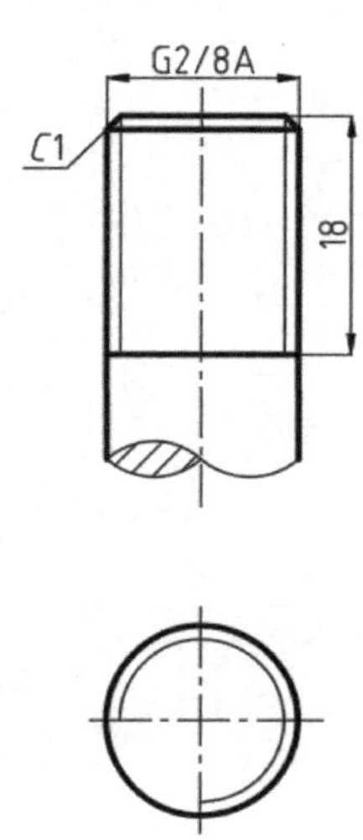

(　　)

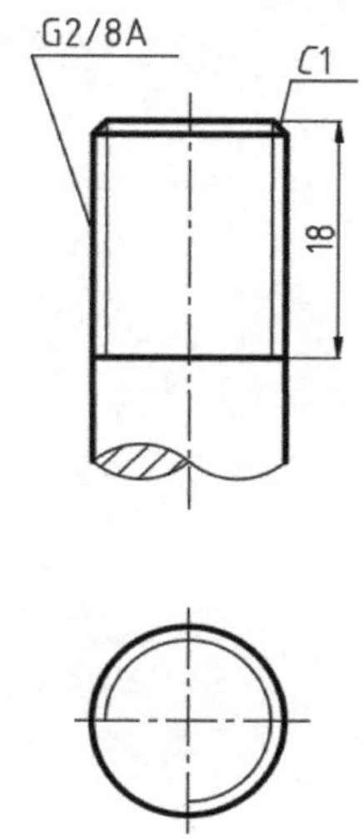

(　　)

7-3　判断下列螺纹连接的正误，并在正确图形的下方括号内打"√"。

（1）

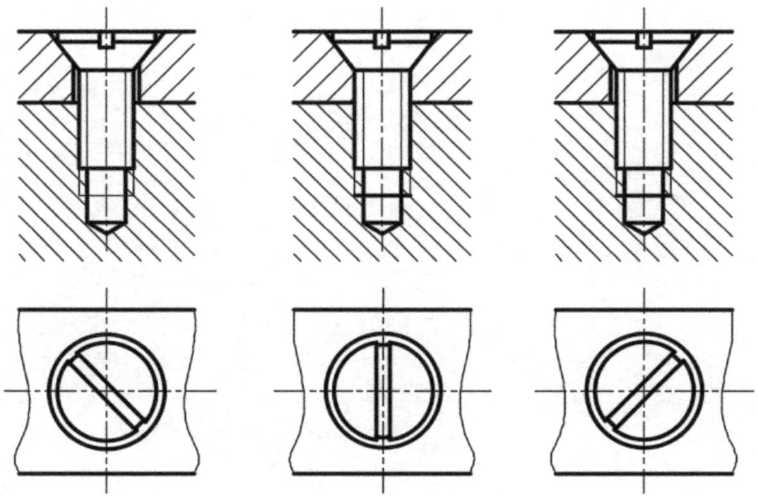

(　　)　　(　　)　　(　　)

（2）

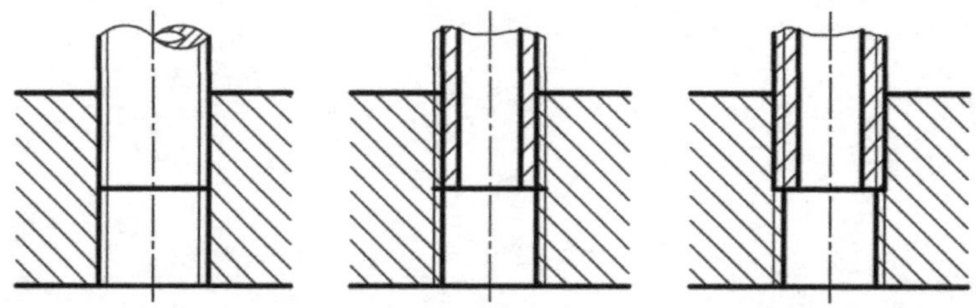

(　　)　　(　　)　　(　　)

7-4　找出螺纹画法上的错误，并在下方画出正确图形。

（1）

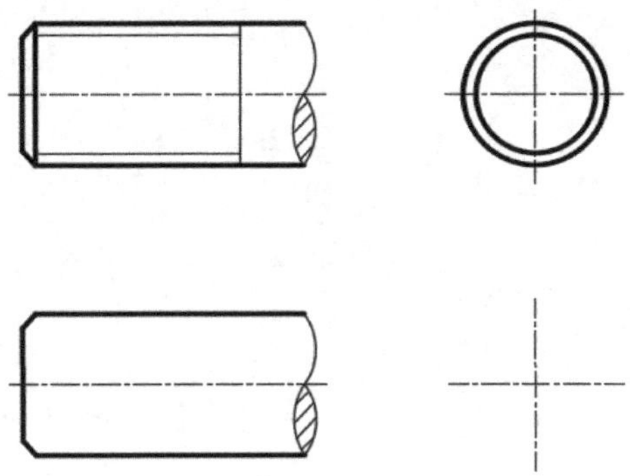

（2）

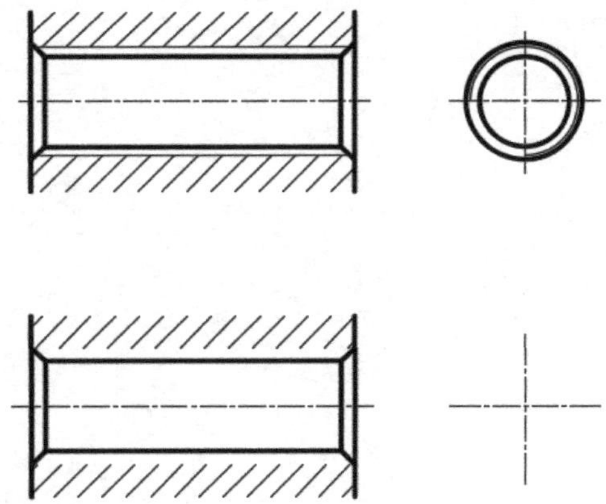

（3）

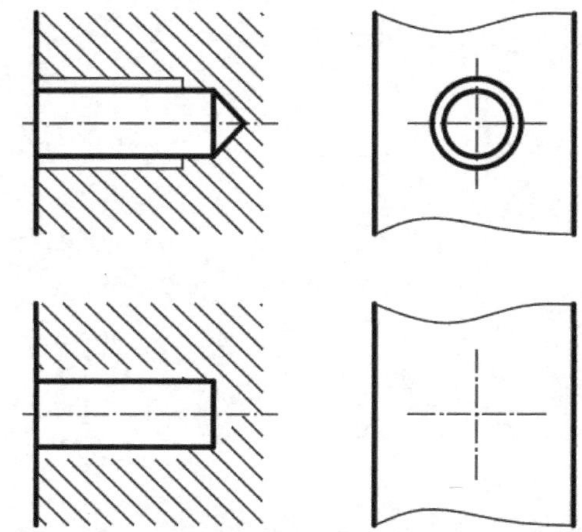

7-5　找出螺纹连接画法上的错误，并在下方画出正确图形。

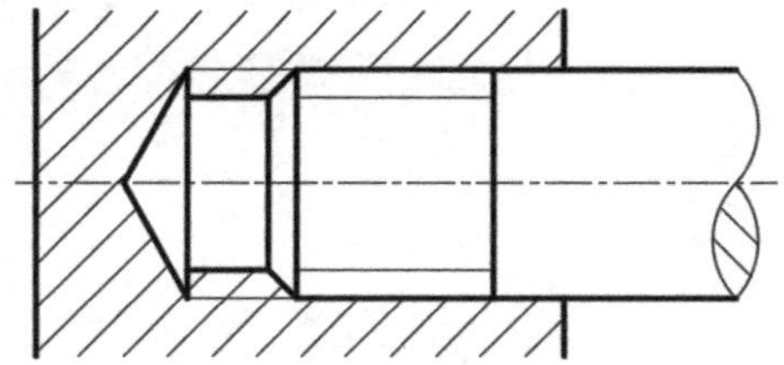

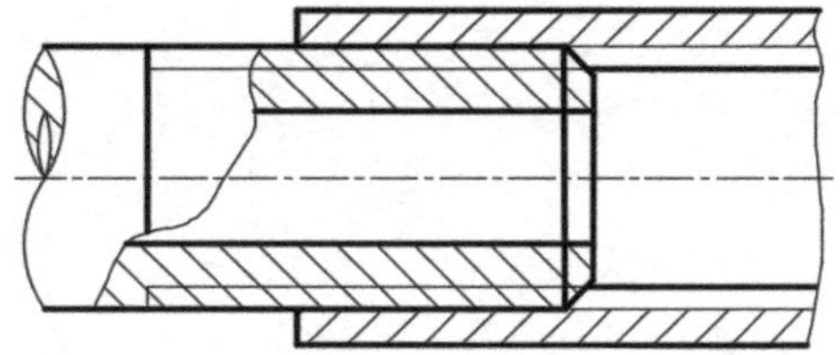

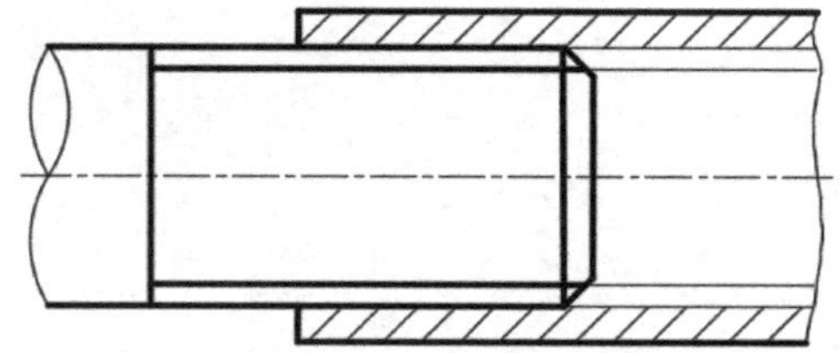

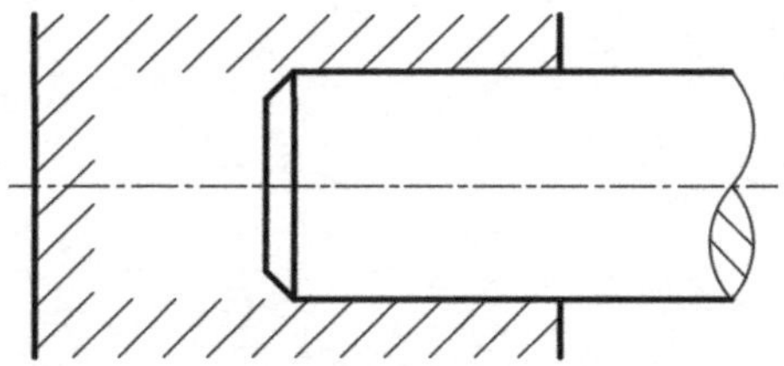

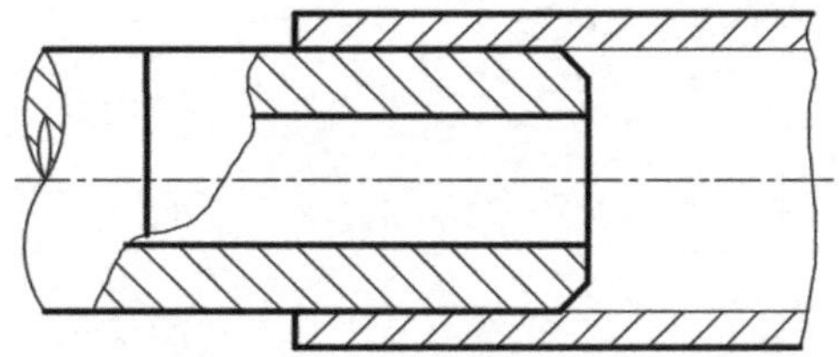

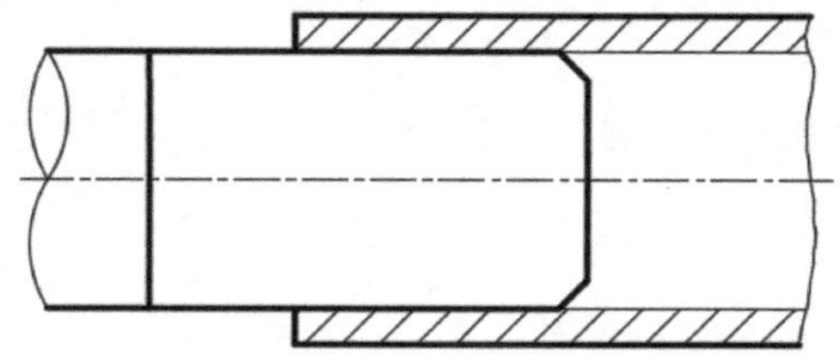

7-6　在图上标注螺纹的标记。

（1）普通螺纹，公称直径为 14mm，螺距为 2mm，右旋，中径和顶径的公差带代号均为 6h，中等旋合长度。

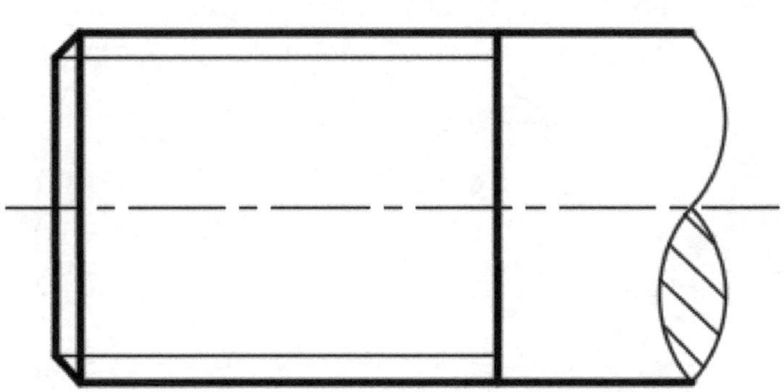

（2）普通粗牙螺纹，大径为 16mm，螺距为 2mm，右旋，中径和顶径的公差带代号均为 6H，中等旋合长度。

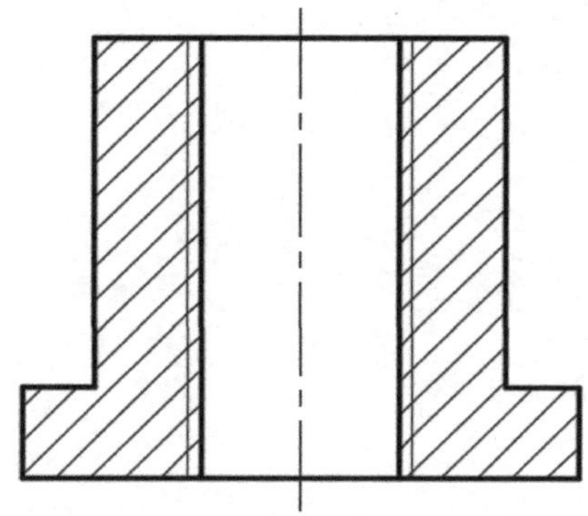

（3）55° 非密封管螺纹，管尺寸代号为 3/4，左旋，A 级。

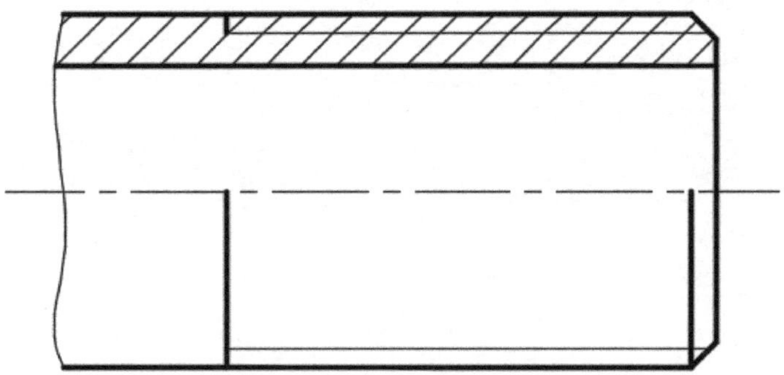

（4）梯形螺纹，公称直径为 20mm，导程 P_h 为 10mm，螺距为 5mm，右旋，中径的公差带代号为 7e。

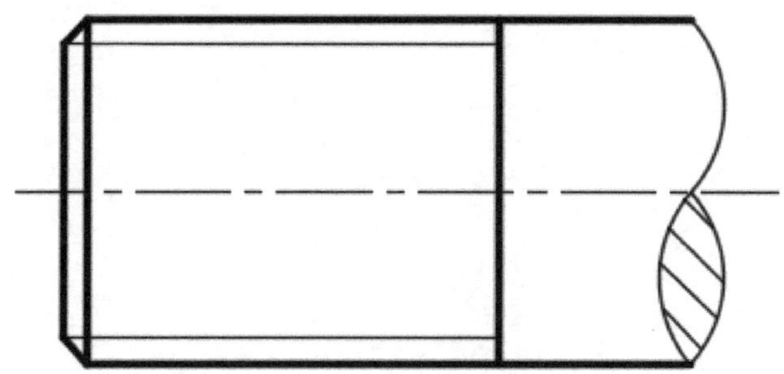

7-7　绘制螺纹，并标注代号。

（1）普通螺纹，公称直径为 14mm，螺距为 2mm，右旋，中径和顶径的公差带代号均为 6h，中等旋合长度。

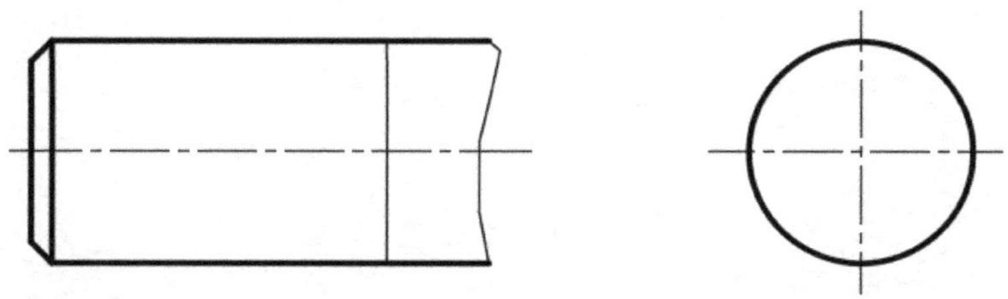

（2）55° 非密封管螺纹，管尺寸代号为 3/4。

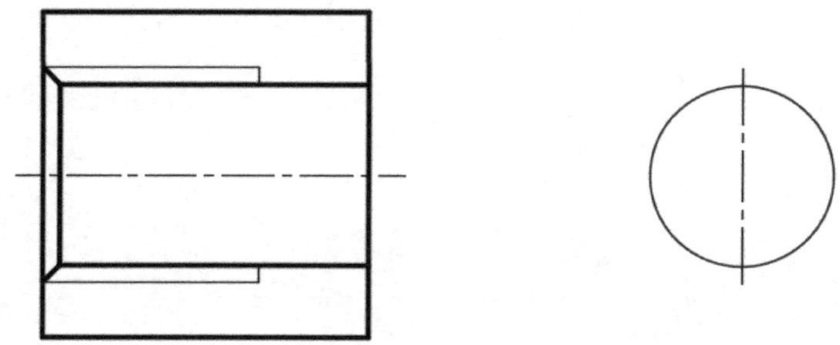

7-8　找出连接图中的错误，并在右侧画出正确的连接图。

（1）

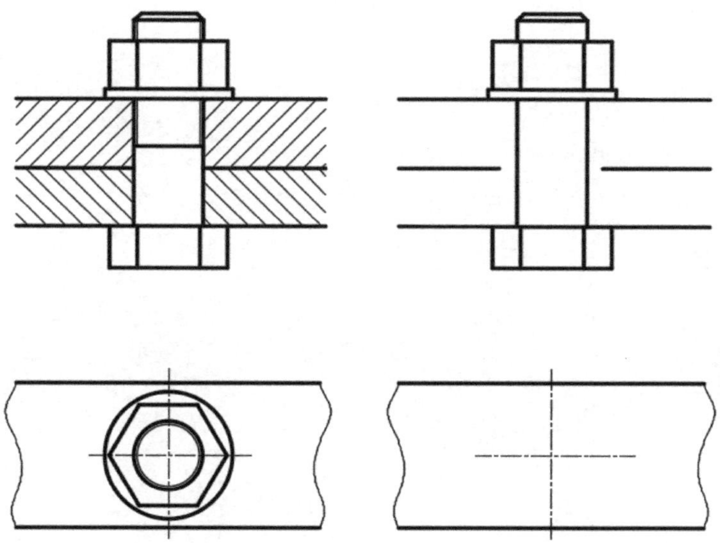

（2）

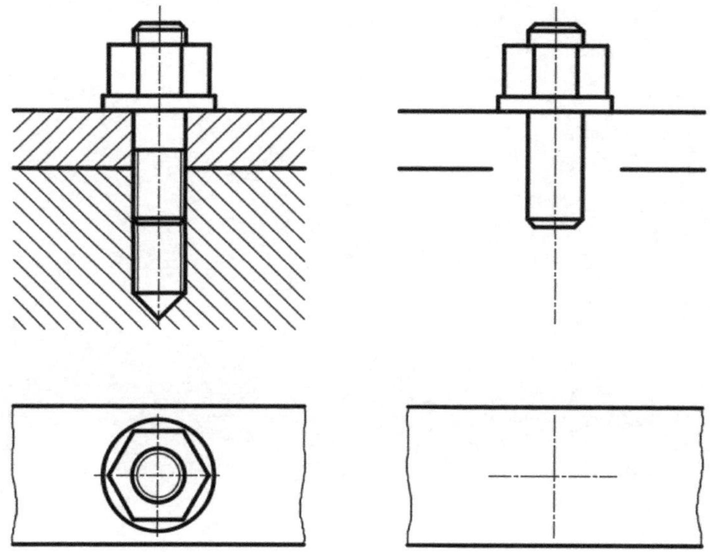

7-8　找出连接图中的错误，并在右侧画出正确的连接图（续）。

（3）

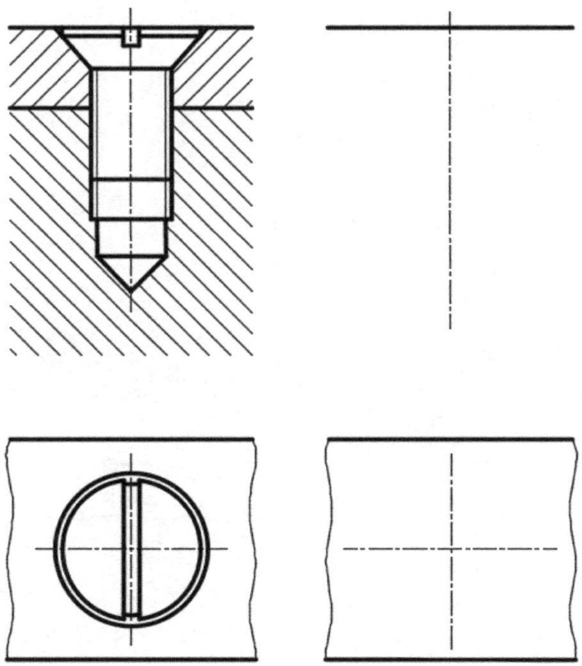

（4）

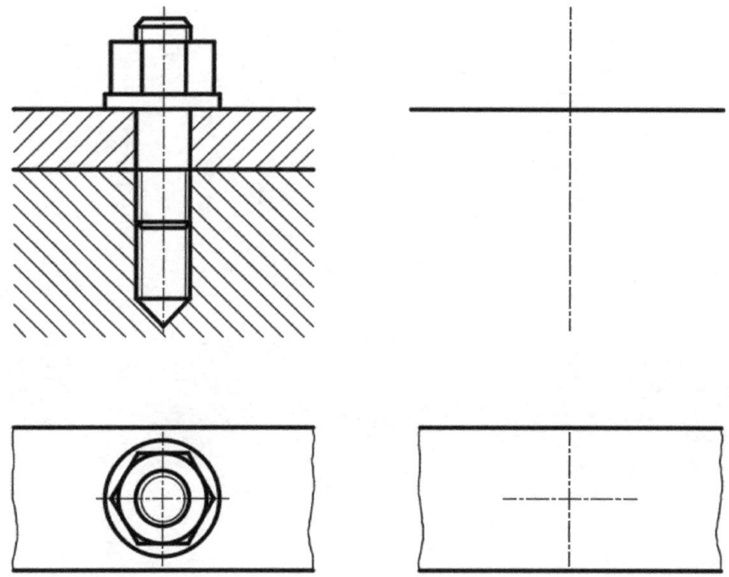

7-9　查表确定轴上键槽的尺寸，在指定位置画出它的断面图，并标注键槽尺寸。

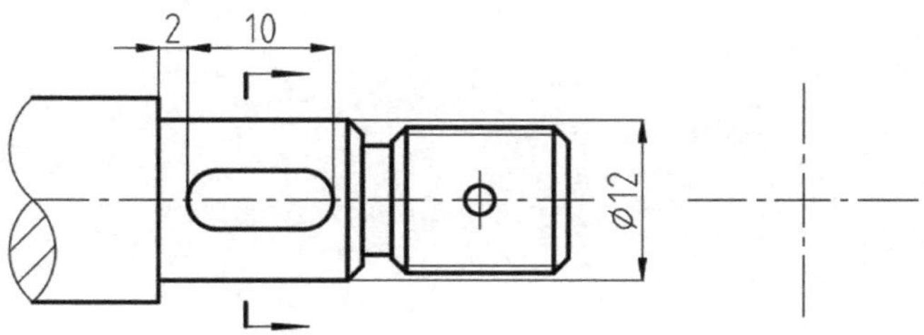

7-10　查表确定轮毂上键槽的尺寸，并标注键槽尺寸。

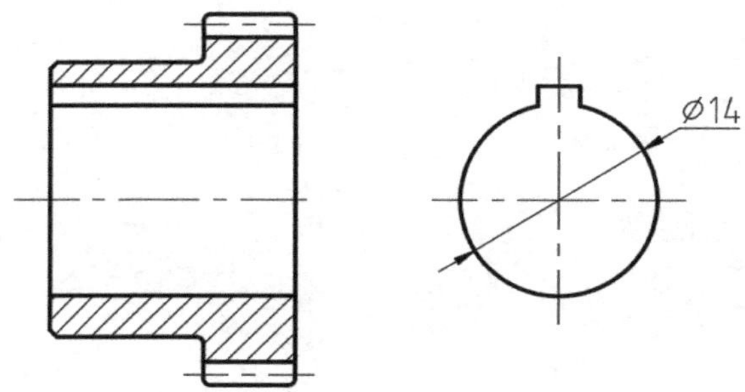

7-11　已知标准直齿圆柱齿轮的模数 m 为 3mm，齿数为 38，用 1:1 的比例绘制齿轮的主视图和左视图，并标注尺寸。	7-12　已知一圆柱螺旋压缩弹簧的中径为 ϕ22mm，总圈数为 8.5，有效圈数为 6，节距为 9mm，钢丝直径为 ϕ22mm，右旋，用 1:1 的比例画出它的全剖视图。
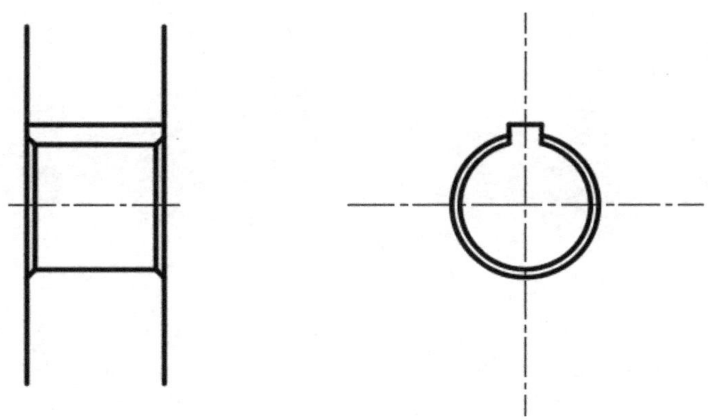	

7-13　补画螺钉与平键齿轮连接的主视图。	7-14　根据图中已知条件，补全螺钉、平键齿轮连接的主视图。
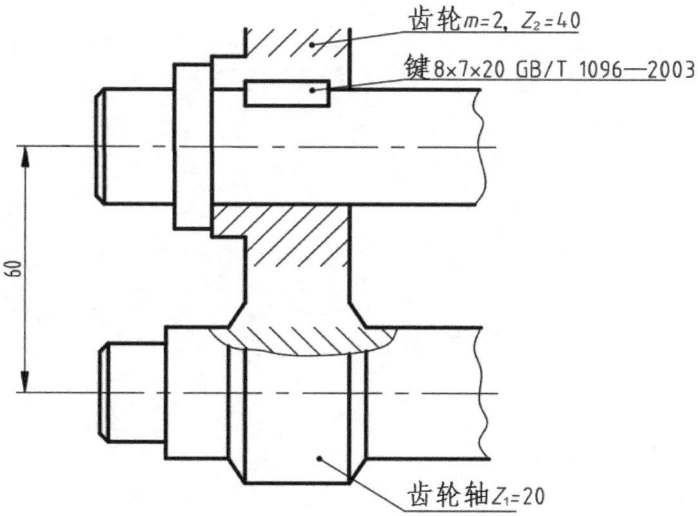	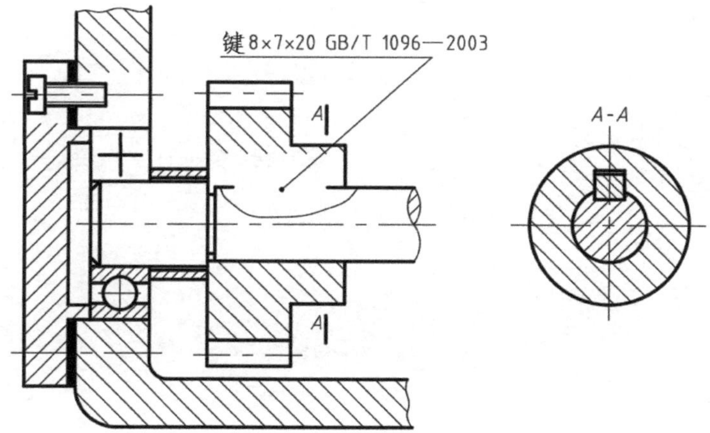

8-1　读懂轴零件图，在指定位置画出移出断面图，并回答问题。

（1）ϕ16h6 写成有上/下偏差的标注是________。

（2）解释 2× ϕ5 配钻的含义：____________________。

（3）表面粗糙度 Ra3.2 处的表面形状为__________，它可由________方法达到。

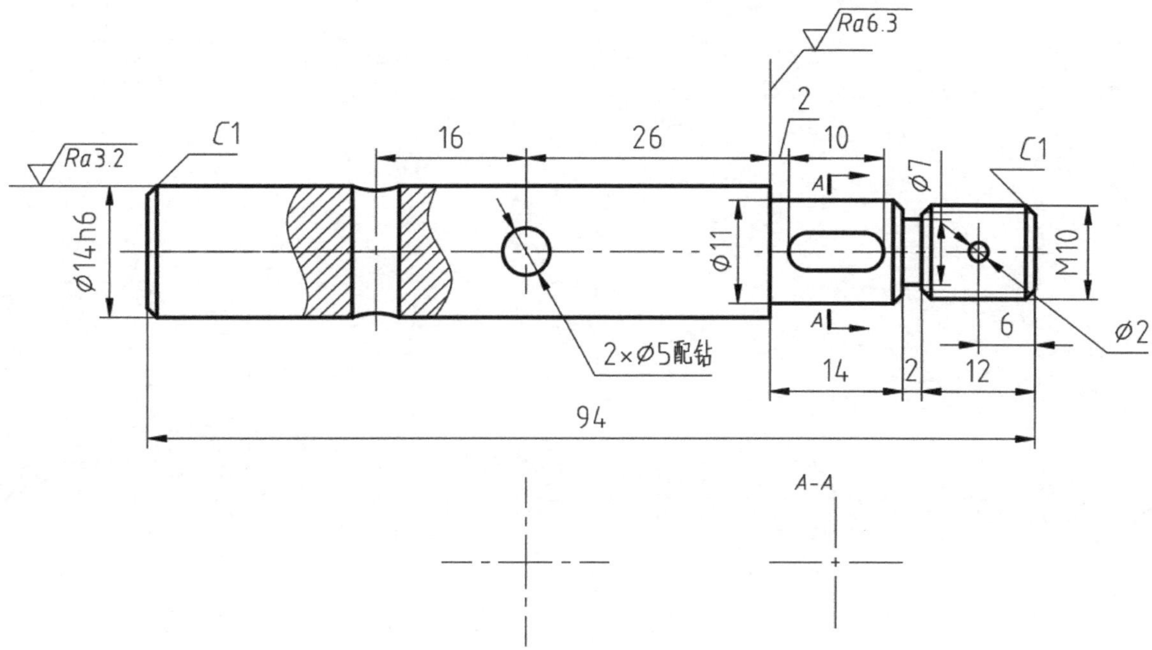

轴		比例	1:1	图号	
		数量	1	材料	45
设计					
绘图					
审核					

8-2　读懂支架零件图，在空白处画出 *A-A* 剖视图，并回答问题。

（1）说明符号 | ⊥ | ϕ0.05 | B | 的含义：符号⊥表示 ________，数字 ϕ0.05 表示 ________，B 表示 ________。

（2）说明 M42×2-6H 的含义：M 表示 ________，42 表示 ________，2 表示 ________，6H 表示 ________。

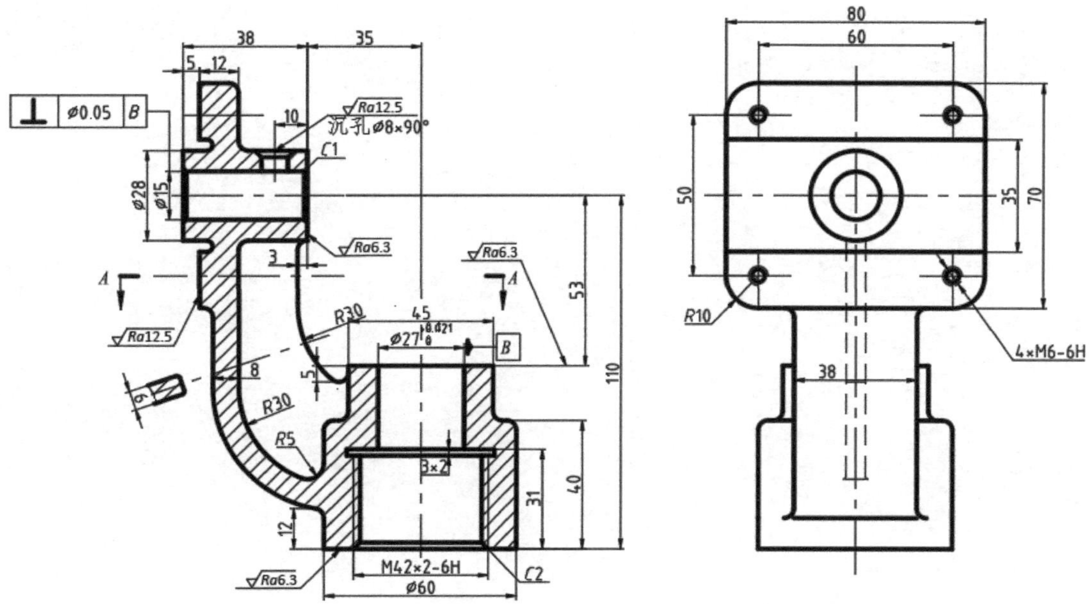

A-A

技术要求

1. 铸件不允许有砂眼、缩孔、裂纹等缺陷。
2. 未注圆角 *R*1～*R*3。

√ (√)

支架		比例	1:2	图号	
		数量	1	材料	HT200
设计					
绘图					
审核					

8-3　读懂壳体零件图，画出主视图的外形视图，将左视图画成半剖视图，并回答问题。

（1）该零件的表达使用了______个基本视图，主视图采用的是__________表达方法。

（2）解释锪平的含义：__________。

（3）零件上 $\phi30$、$\phi48$ 孔的内表面和上下表面为机加工面，在零件图上标注其表面粗糙度。

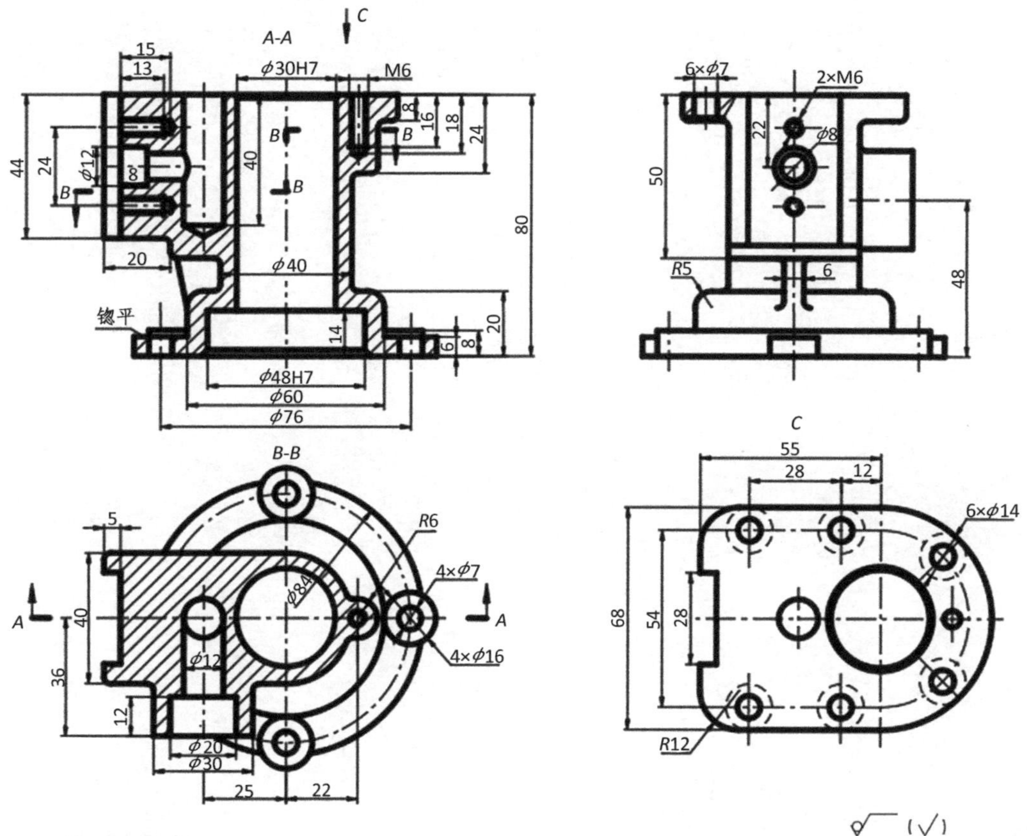

技术要求

1. 铸件应经时效处理。
2. 未注圆角 $R1\sim R3$。

壳体		比例	1:2	图号	
		数量	1	材料	HT150
设计					
绘图					
审核					

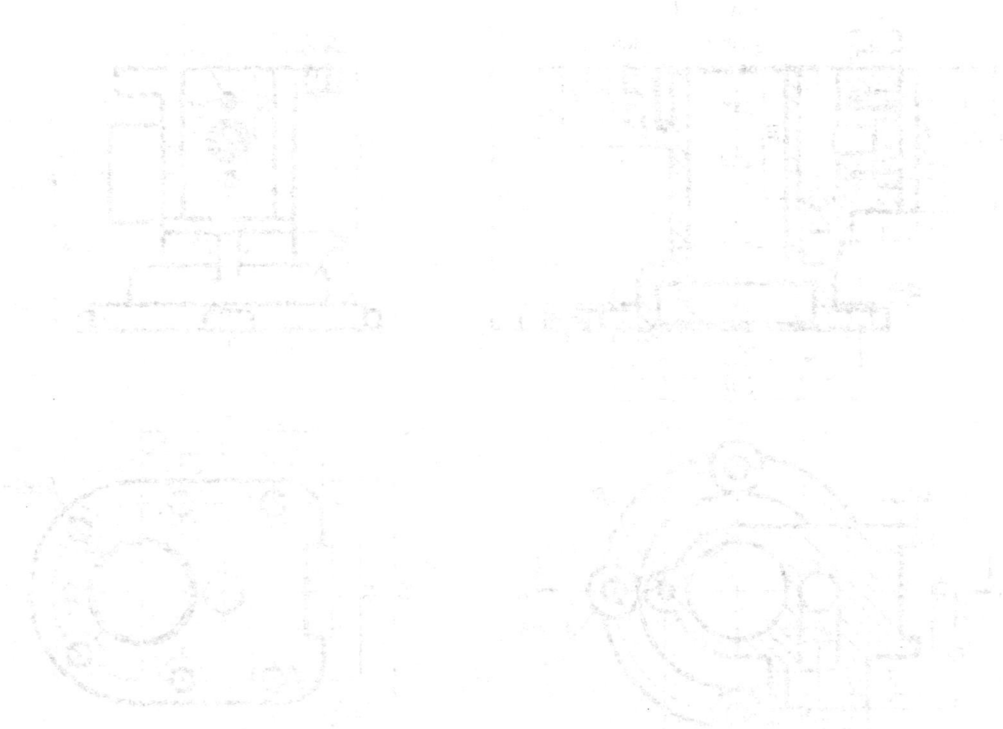

8-4　读懂连接盘零件图，画出主视图的外形视图，并回答问题。

（1）主视图采用的是________表达方法。

（2）标出长、高方向的基准。

（3）说明 INT 24z×3m×30P×6H 的含义：________________。

（4）零件最左端的表面粗糙度是____________。

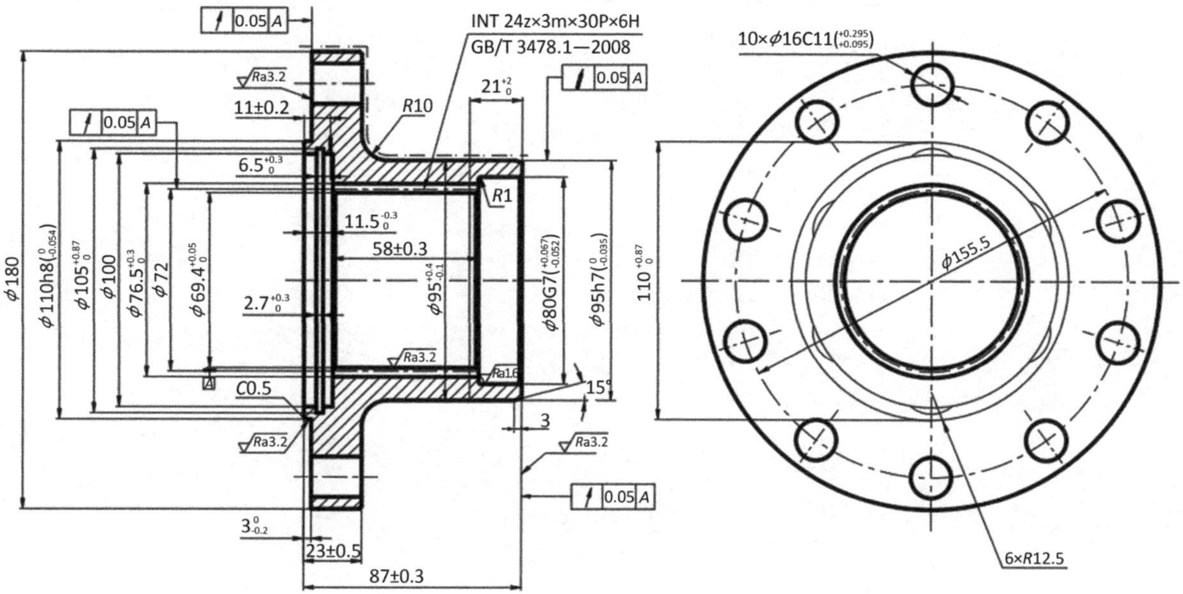

技术要求

1. 热处理硬度30～37HRC，标有-·-·-的部位尺寸2f内高频淬火，硬度48～55HRC，深0.8～1.2mm；其余部位镀硬铬，深0.04～0.06mm。
2. 用花键量规检查花键的互换性。
3. 未注倒角为$C1$，未注圆角$R1$。

Ra6.3 (√)

连接盘		比例	1:1	图号	
		数量	1	材料	钢38GrSi
设计					
绘图					
审核					

8-5　读懂滑板零件图，并回答问题。

（1）该零件的表达使用了________个基本视图，主视图采用的是________表达方法，左视图采用的是__________表达方法。

（2）在图中标注零件沿长、宽、高方向的主要尺寸基准。

（3）I、II 两面的表面粗糙度代号分别是__________，这两个面中，__________面较光滑；在零件的所有表面中，最光滑的面的表面粗糙度代号是__________。

（4）68±0.1 的上极限尺寸是________，把该尺寸实际加工成 67.88 是否合格_____。

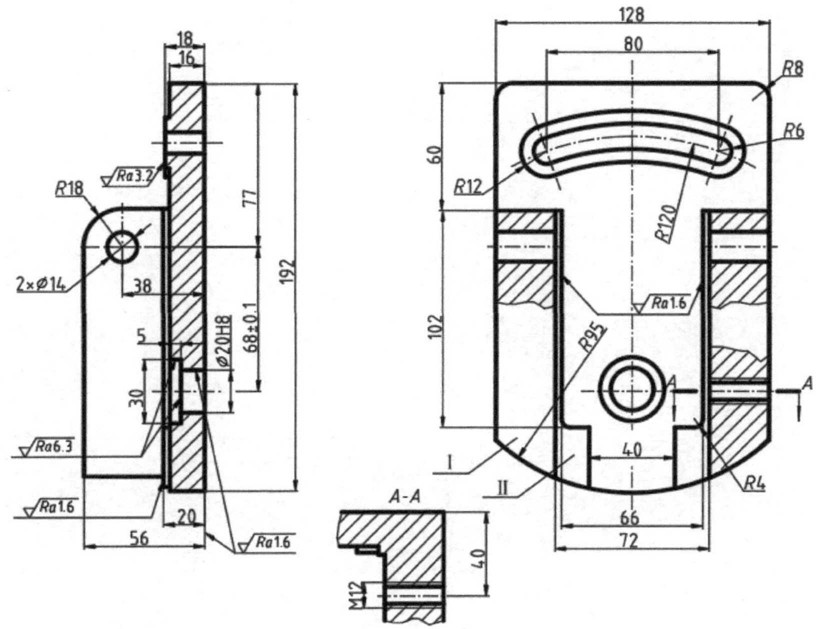

技术要求

1. 铸件不得有气孔、裂纹等缺陷。
2. 铸件进行人工时效处理。
3. 未注圆角为 R2～R4。

$\sqrt{}$ （$\sqrt{}$）

滑板			比例	1:1	图号	
			数量	1	材料	HT150
设计						
绘图						
审核						

8-6 读懂夹具体零件图，绘制 *A-A* 剖视图，并回答问题。

（1）说明 $\frac{2\times M6-7H↧12}{孔↧16}$ 的含义：2×M6 表示__________，7H 表示__________，↧ 表示__________。

（2）尺寸 ϕ20H9 的表面粗糙度为__________，零件底面的表面粗糙度为__________，它们当中，__________的加工要求高。

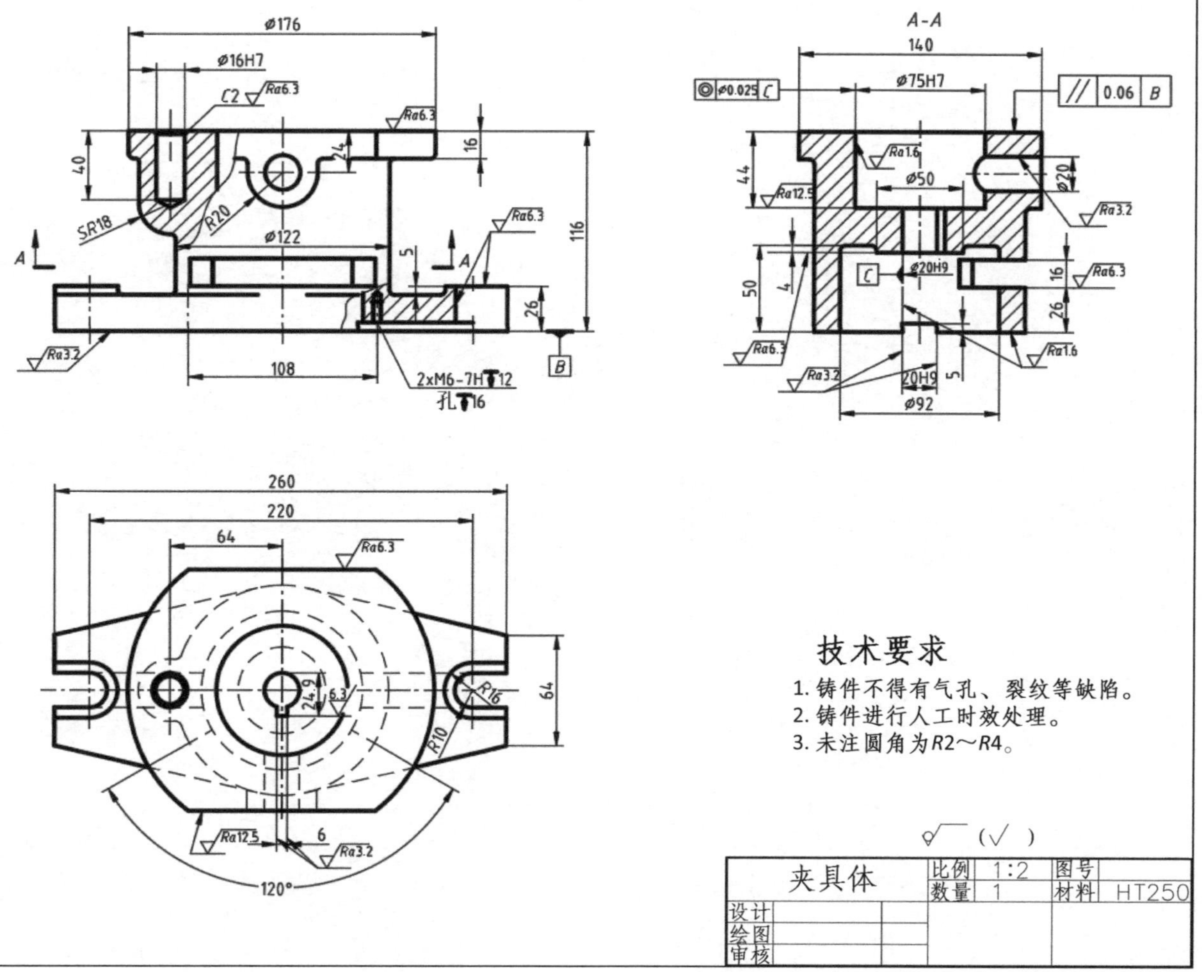

8-7　读懂箱体零件图，并回答下列问题。

（1）主视图中的筋板处有一断面，叫作________，国标规定用________绘制。筋板的作用是________。

（2）图中注有尺寸 ϕ62k7，其中 ϕ62 是________尺寸，k7 叫作________代号，7 是________，配合制为________制。

（3）零件名称是________，所用的材料是________，其中字母的含义是________。

（4）左视图中有高度为 3mm 的凸台，采用该结构可以________。

（5）技术要求中的第二条指圆角是一种________工艺结构。

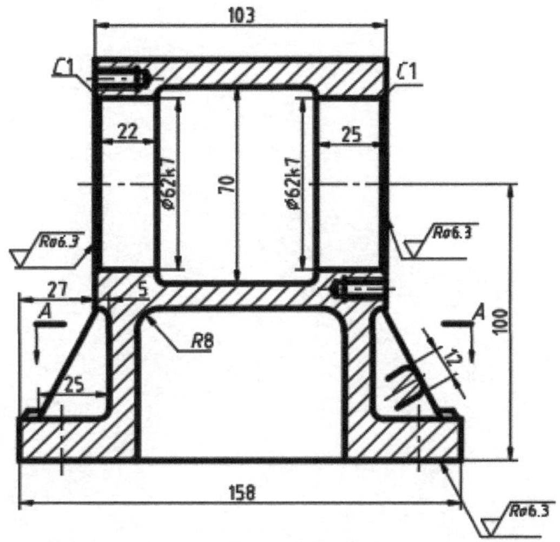

A-A

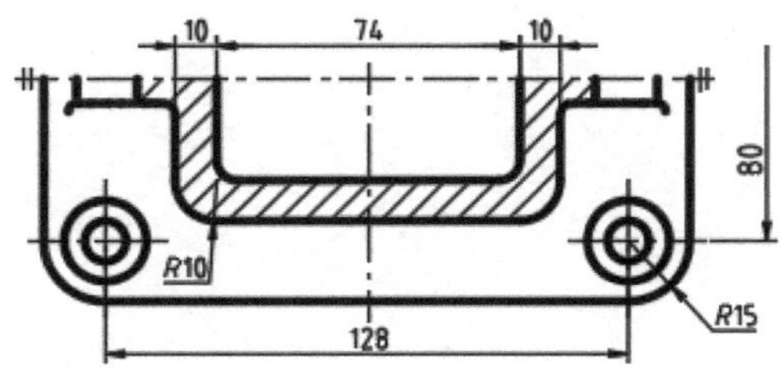

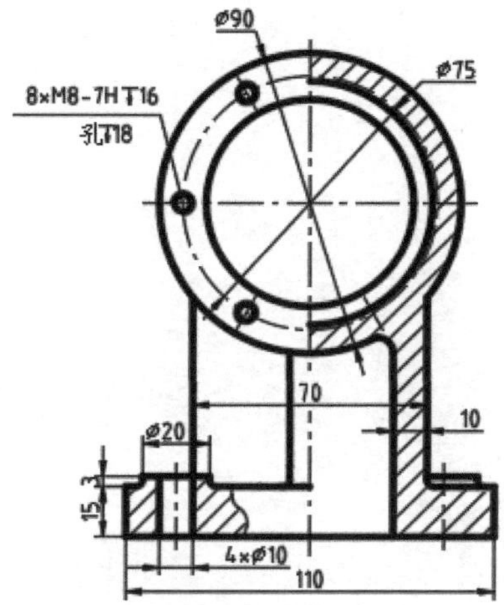

技术要求

1. 铸件不得有砂眼、裂纹。
2. 未注圆角为 R3～R5。
3. 未加工表面涂漆。

$\sqrt{}$ （$\sqrt{}$ ）

箱体			比例	1:1	图号	
			数量	1	材料	HT200
设计						
绘图						
审核						

9-1　根据减速器示意图和零件图拼画装配图。

(1) 工作原理。

减速器是一种把较高转速转变为较低转速的专用装置。由于输入齿轮轴上的齿轮与输出齿轮轴上的大齿轮啮合在一起，而输入齿轮轴上的轮齿数小于输出齿轮轴上大齿轮的轮齿数，因此，根据齿数与转速成反比关系可知，当电动机或其他传动机构的高速运动通过输入齿轮轴传到输出齿轮轴后，输出齿轮轴会得到低于输入齿轮轴转速的低速运动，从而达到减速的目的。

(2) 读图要求。

根据示意图和零件图拼画减速器装配图。

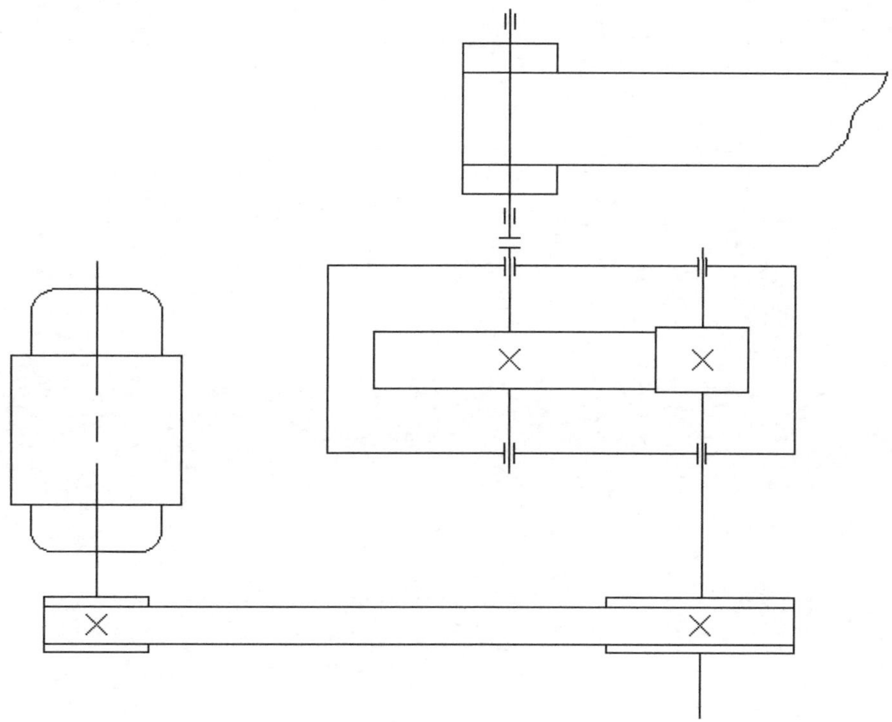

9-1　根据减速器示意图和零件图拼画装配图（续）。

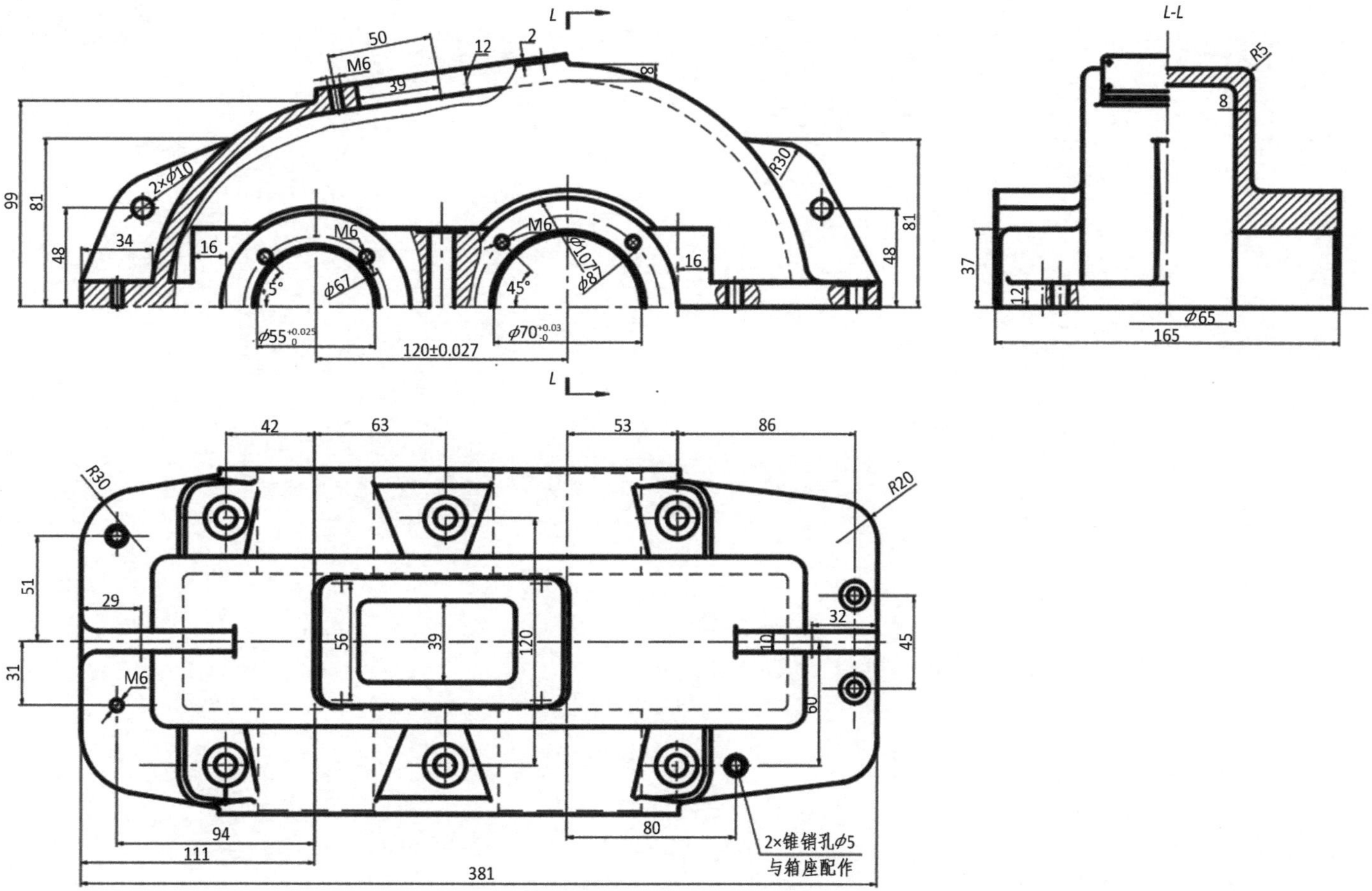

箱盖	QT500-7	1:1	1件

9-1　根据减速器示意图和零件图拼画装配图（续）。

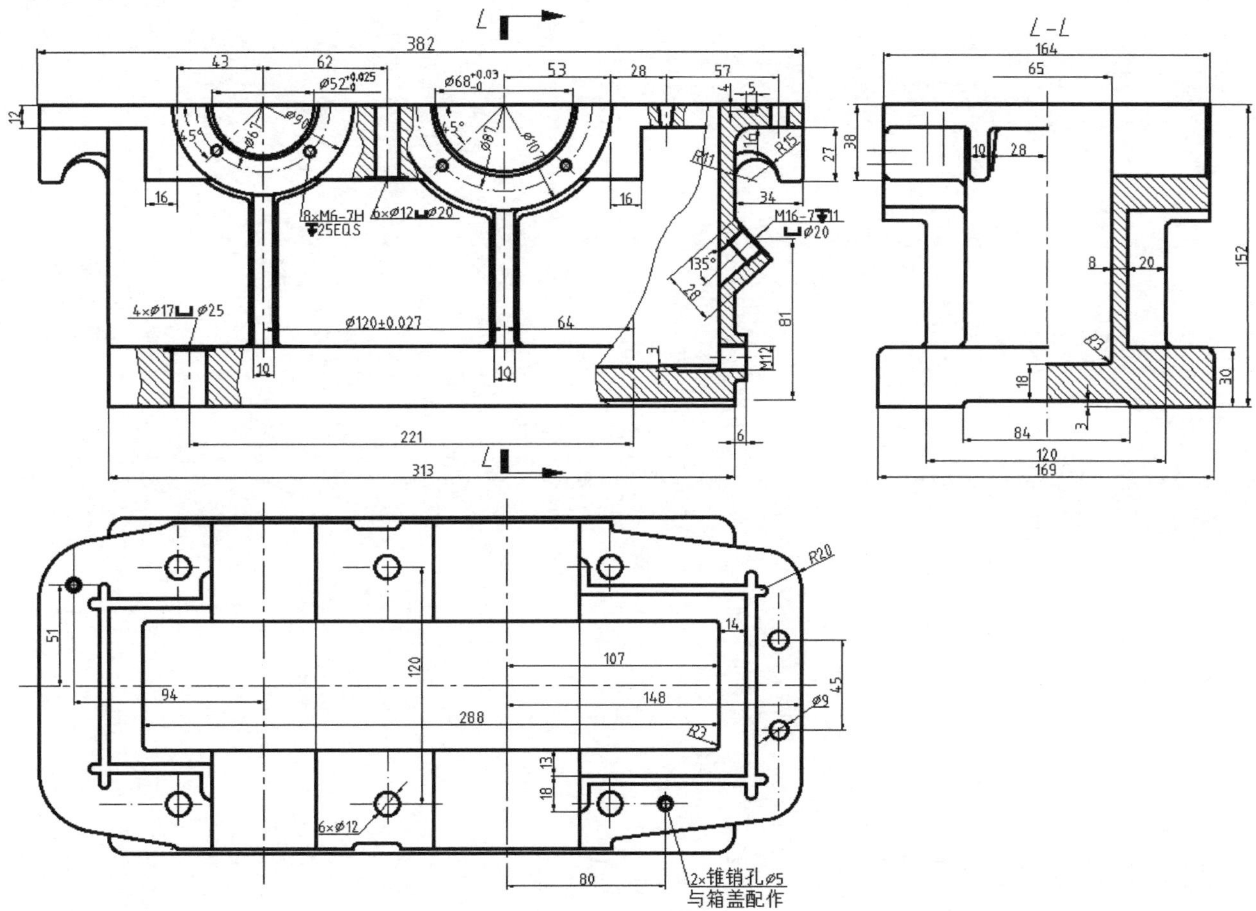

箱体	QT500-7	1:1	1件

9-1　根据减速器示意图和零件图拼画装配图（续）。

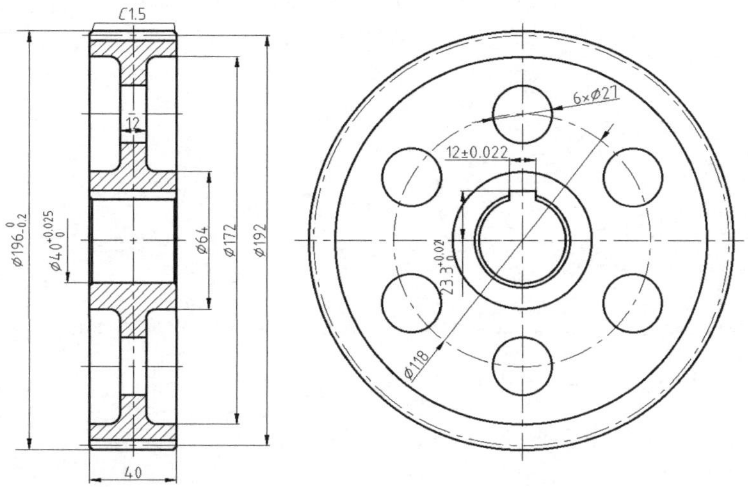

模数		*m*	2
齿数		*z*	96
压力角		*α*	20°
齿顶高系数		h_a*	1
顶隙系数		*c**	0.2500
精度等级		8-8-7HK	
全齿高		*h*	4.5000
中心距及其偏差		120±0.027	
配对齿轮		齿数	24
公差组	检验项目	代号	公差（极限偏差）
I	齿圈径向跳动公差	F_r	0.063
	公法线长度变动公差	F_W	0.050
II	齿距极限偏差	f_{pt}	±0.016
	齿形公差	f_f	0.014
III	齿向公差	$F_β$	0.011

大齿轮	45	1:1	1件

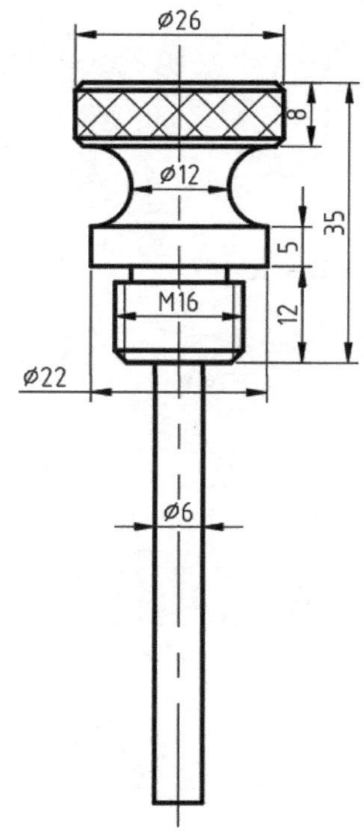

油标尺		1:1	1件

9-1　根据减速器示意图和零件图拼画装配图（续）。

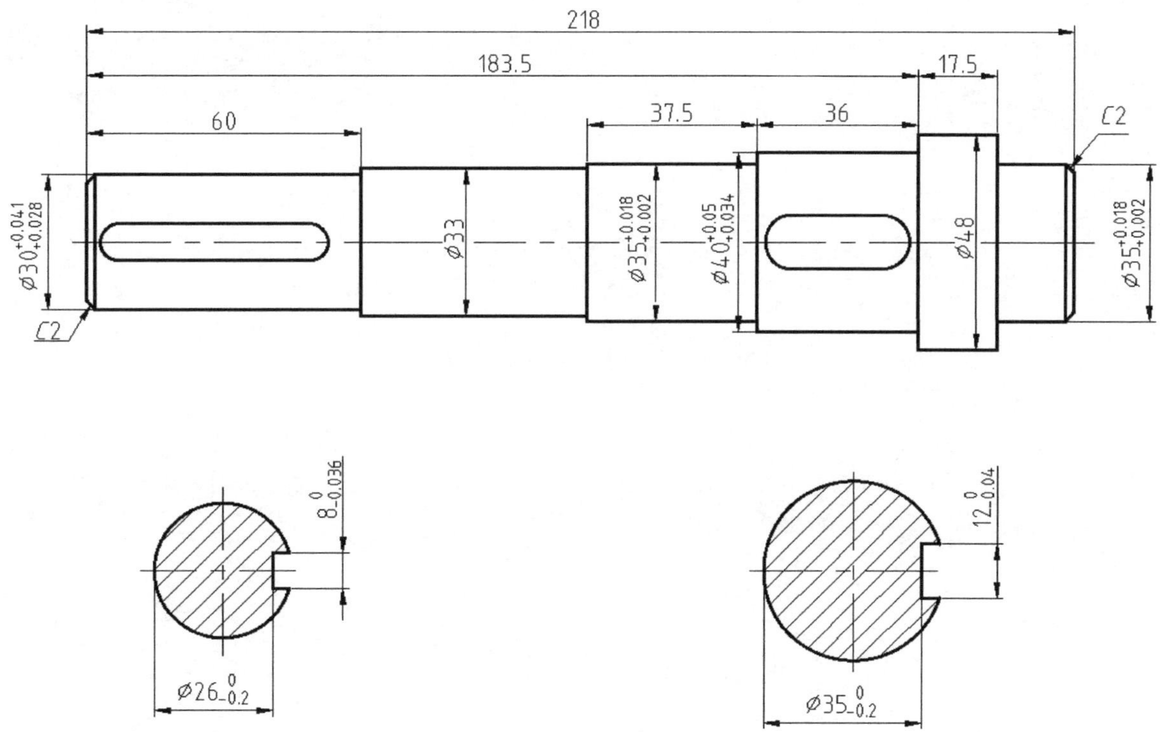

轴	Q235	1:1	1件

9-1　根据减速器示意图和零件图拼画装配图（续）。

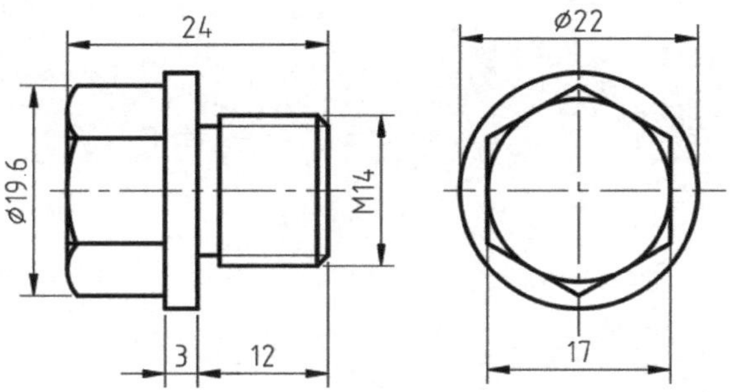

油塞	Q235	1:1	1件

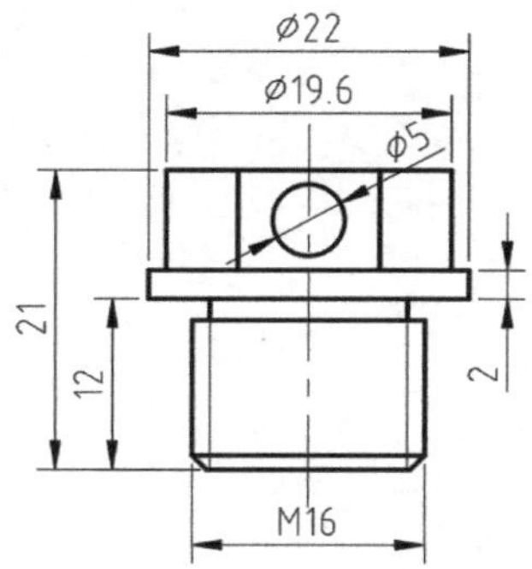

通气器	Q235	1:1	1件

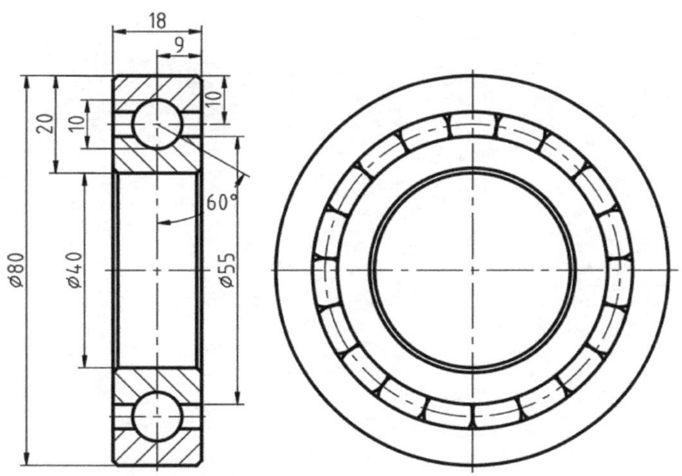

深沟球轴承		1:1	2件

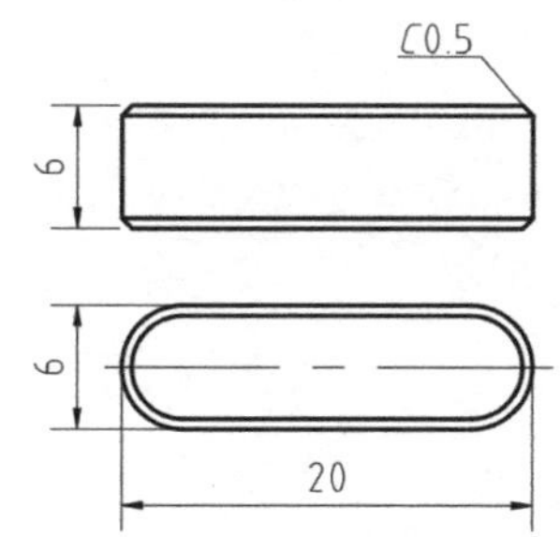

平键	45	1:1	1件

9-1　根据减速器示意图和零件图拼画装配图（续）。

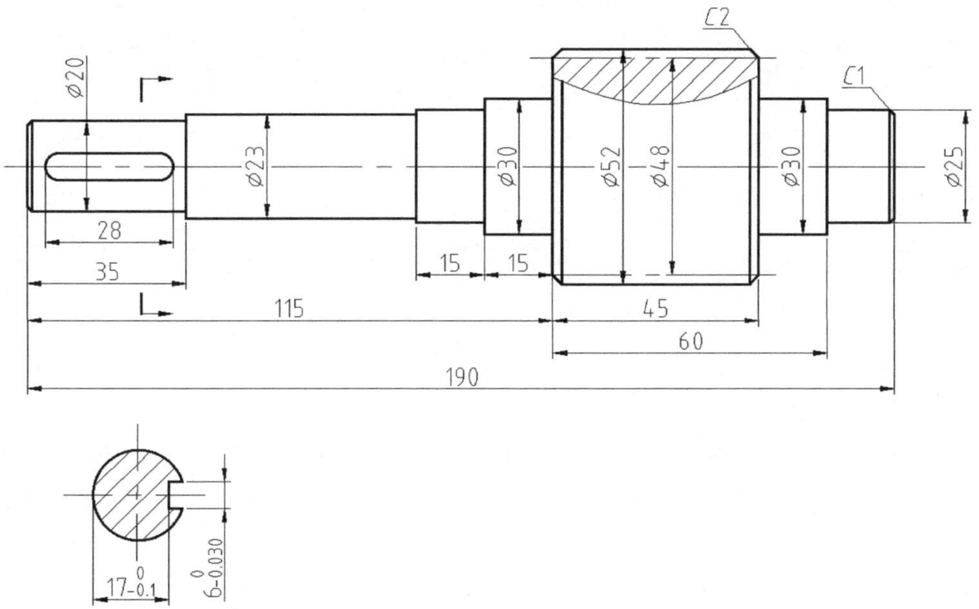

	模数	m	2
	齿数	z	24
	压力角	α	20°
	齿顶高系数	h_a^*	1
	顶隙系数	c^*	0.2500
	螺旋角	β	8°6′
	变位系数	x	0
	旋向	左旋	
	精度等级	8-8-7HK	
	全齿高	h	6.7500
	中心距及其偏差	150±0.032	
	配对齿轮	齿数	79
公差组	检验项目	代号	公差（极限偏差）
I	齿圈径向跳动公差	F_r	0.045
	公法线长度变动公差	F_w	0.040
II	齿距极限偏差	f_{pt}	±0.013
	齿形公差	f_f	0.011
III	齿向公差	F_B	0.016
	公法线平均长度	23.006	
	跨测齿数	K	3

齿轮轴	45	1:1	1件

9-1　根据减速器示意图和零件图拼画装配图（续）。

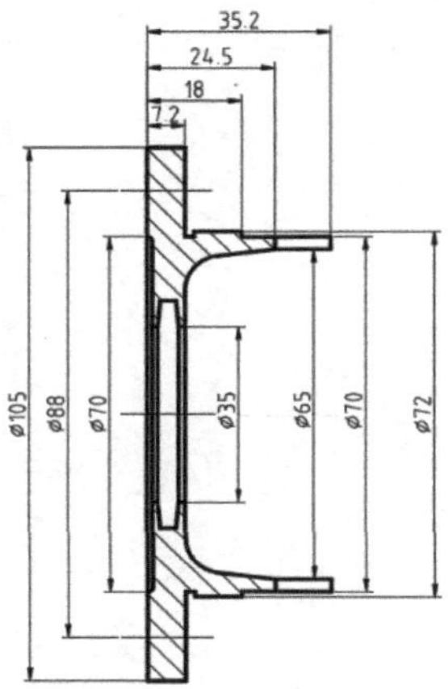

大透盖	HT150	1:1	1件

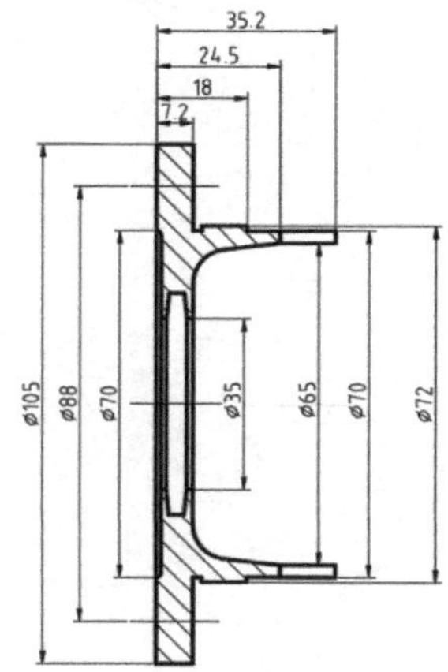

大闷盖	HT150	1:1	1件

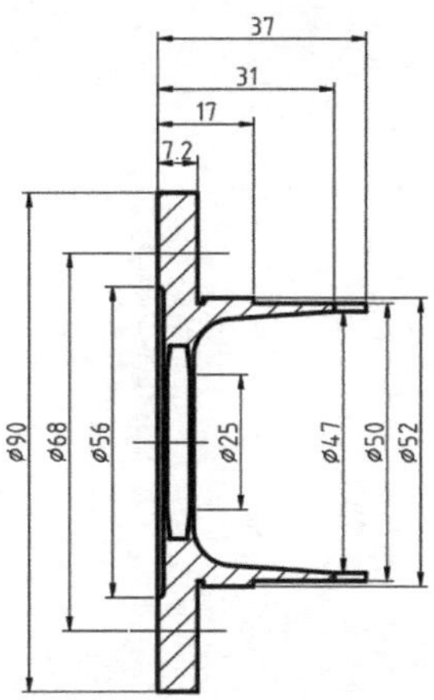

小透盖	HT150	1:1	1件

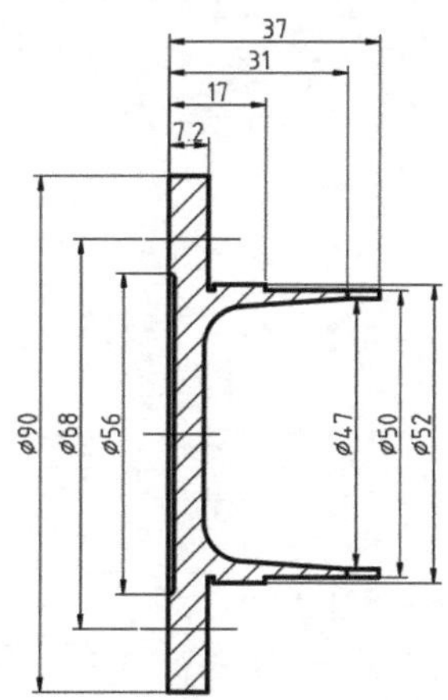

小闷盖	HT150	1:1	1件

9-2 读手压阀装配图。

(1) 工作原理。

手压阀是吸进或排出液体的一种手动阀门。当握住手柄向下压紧阀杆时，弹簧因受力压缩，阀杆向下移动，液体入口与出口相通；当向上抬起手柄时，由于弹簧弹力的作用，阀杆向上压紧阀体，使液体入口与出口不通。

(2) 读图要求。

① 看懂部件的工作原理和装配关系。

② 画出零件5的工作图（图纸幅面、比例自定）。

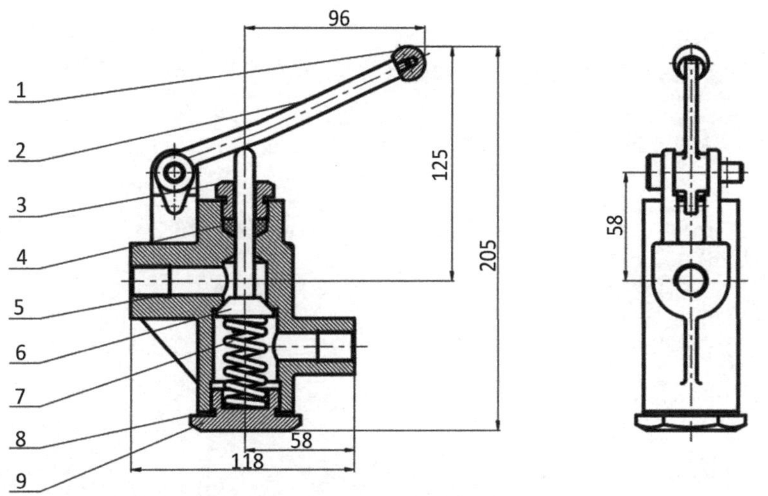

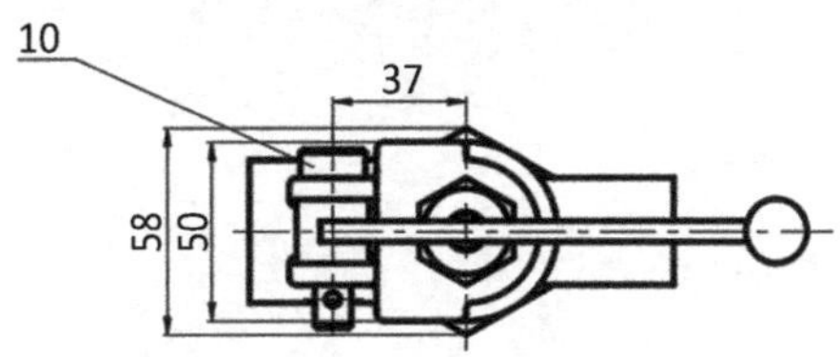

10	销钉	1	20		
9	调节螺母	1	Q235		
8	胶垫	1	橡胶		
7	弹簧	1	60CrVA		
6	阀杆	1	45		
5	阀体	1	HT150		
4	密封垫	1	石棉		
3	压紧螺母	1	Q235		
2	手柄	1	20		
1	胶木球	1	胶木		
序号	名称	数量	材料	标准	备注

手压阀		比例		图号	
		数量		材料	
设计					
绘图					
审核					

9-3 读滑动轴承装配图。

(1) 工作原理。

滑动轴承采用动液润滑，当转轴旋转时，在轴和轴承之间会形成一个油楔。注意：有必要把轴移到一个偏心位置上，轴和轴承之间要有间隙，否则不可能建立承载楔。

(2) 读图要求。

① 看懂部件的工作原理和装配关系。

② 画出零件 1 和零件 3 的工作图（图纸幅面、比例自定）。

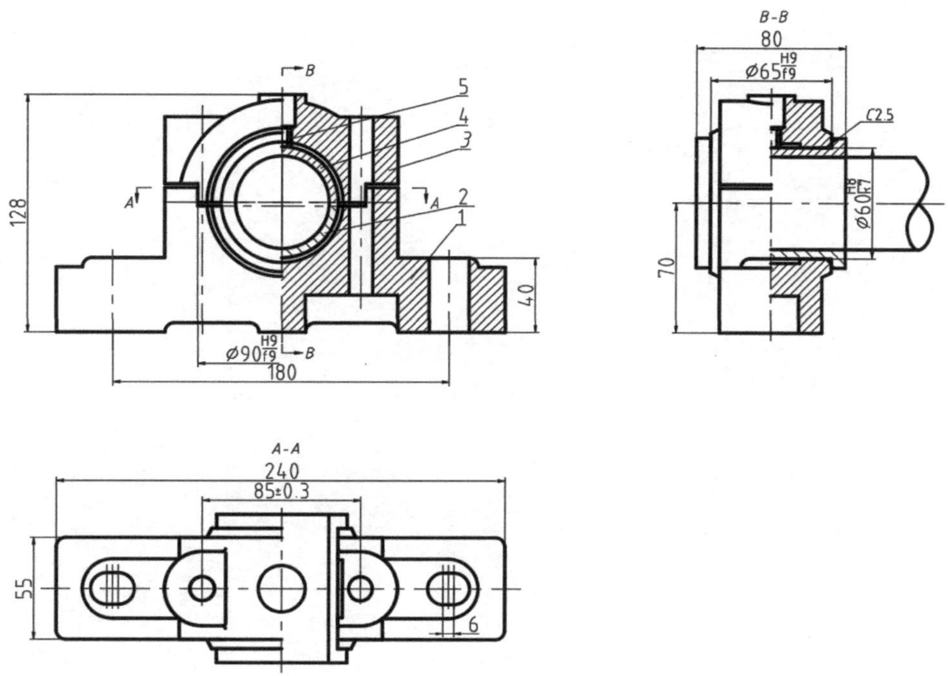

5	轴衬固定套	1	Q235		
4	上轴衬	1	ZCuSn10Pb1		
3	轴承盖	1	HT200		
2	下轴衬	1	ZCuSn10Pb1		
1	轴承座	1	HT200		
序号	名　称	数量	材料	标　准	备注

滑动轴承	比例	1:1.5	图号	
	数量		材料	
设计				
绘图				
审核				

9-4　读虎钳装配图。

（1）工作原理。

虎钳安装在工作台上，用来夹紧被加工的零件。

装在钳座 4 内的丝杆 2 只能绕轴向移动。当丝杆转动时，通过 Tr14×3 梯形螺纹传动，使动掌 6 移动，将零件夹紧，放松。

（2）读图要求。

① 看懂部件工作原理和装配关系。

② 画出零件 4 的工作图（图纸幅面、比例自定）。

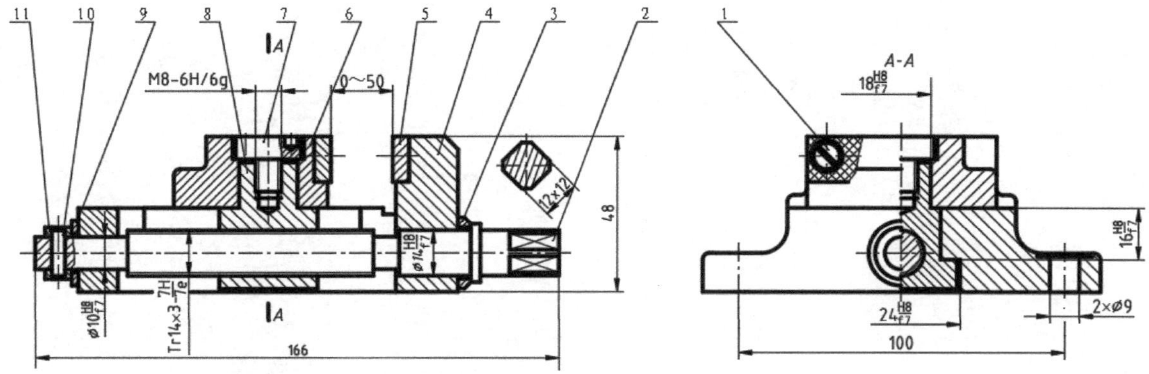

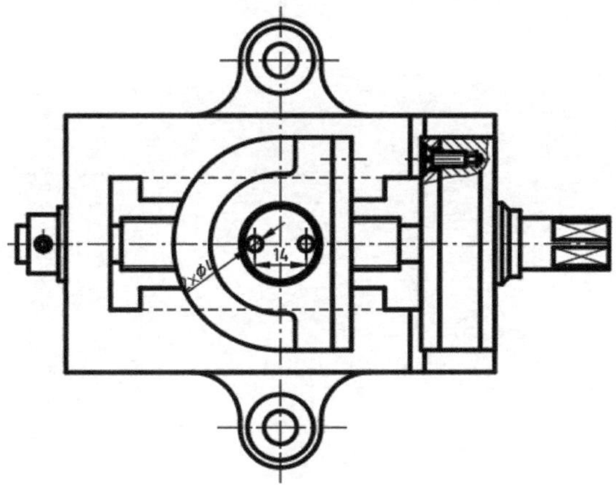

序号	名　称	数量	材料	标　准	备注
11	套筒	1	Q235-A		
10	销A4×16	1			
9	垫圈10-140HV	1			
8	丝杠螺母	1	HT200		
7	压紧螺钉	1	Q235-A		
6	动掌	1	HT200		
5	钳口	2	Q235		
4	钳座	1	HT200		
3	垫圈	1	Q235-A		
2	丝杠	1	35		
1	螺钉M4×12	1			

虎钳		比例		图号	
		数量		材料	
设计					
绘图					
审核					

9-5　读柱塞泵装配图。

（1）工作原理。

柱塞泵是用来提高输送液体压力的供油部件，当柱塞泵往复运动时，液体由下阀瓣 13 处流入，并从上阀瓣 12 处流出。

柱塞 7、衬套 6 之间为间隙配合。当柱塞在外力推动下向左移动时，腔体内体积增大，形成负压，液体在大气压的作用下推开下阀瓣 13 进入腔体，而上阀瓣在负压作用下紧紧关闭。当柱塞向右移动时，腔体内体积减小，压力升高，下阀瓣关闭，上阀瓣 12 被推开，液体流出。

由于柱塞 7 的往复运动，液体被不断地输送到润滑系统或其他有需要的地方。

（2）读图要求。

① 看懂部件的工作原理和装配关系。

② 画出零件 5 的工作图（图纸幅面、比例自定）。

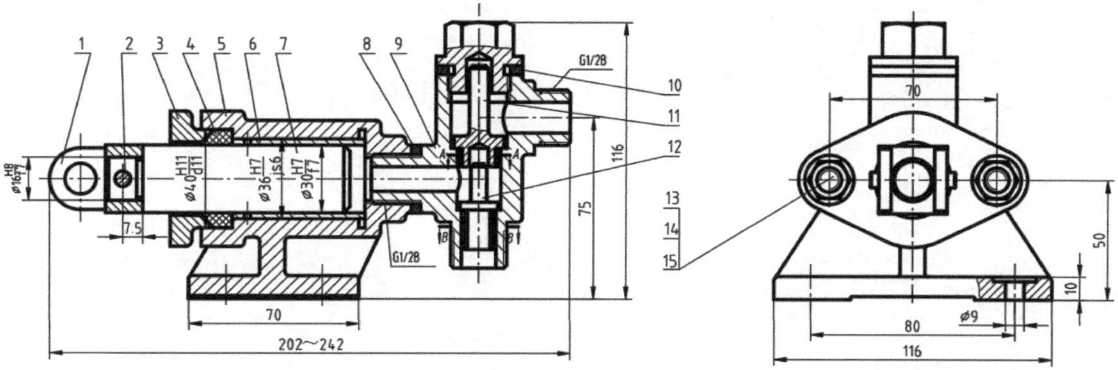

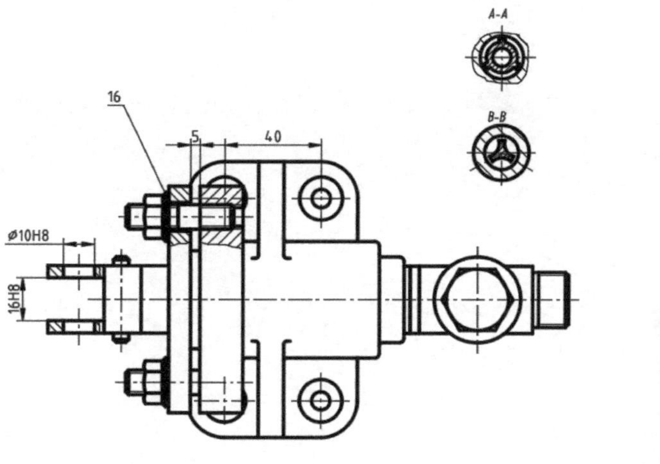

序号	名　称	数量	材料	标　准	备注
16	垫圈10-140HV				
15	螺母 M10×6				
14	螺柱 M10×30				
13	下阀瓣		ZCuZn38Mn2Pb2		
12	上阀瓣		ZCuZn38Mn2Pb2		
11	垫圈	1	纸钩		
10	螺塞	1	Q235-A		
9	管接头	1	HT200		
8	垫圈	1	纸钩		
7	柱塞	1	45		
6	衬套	1	ZCuZn38Mn2Pb2		
5	泵体	1	HT200		
4	填料		油麻绳		
3	压盖	1	HT150		
2	销 A5×30	1	35		
1	连套	1	45		

柱塞泵		比例		图号	
		数量		材料	
设计					
绘图					
审核					